大数据与人工智能技术丛书

Python与数据分析及可视化

微课视频版

◎ 李鲁群 主编 李晓丰 张 波 编著

清華大学出版社

北京

内 容 简 介

本书主要介绍 Python 语言基础、数据分析和数据可视化等内容。全书共 12 章,分别为绪论、Python 开发环境与工具、Python 的基本概念、基本数据类型与运算符、程序流控制与异常处理、函数及其高级应用、文件与输入输出、网站数据的获取、文本数据的处理、NumPy 与数学运算、Pandas 数据分析和数据可视化。本书注重介绍核心概念与应用,相关内容通过图表形式呈现给读者,并配有多个示例,便于读者学习与总结。

本书可以作为高校相关课程的教材或 Python 程序开发学习者的自学参考书,也非常适合作为机器学习实践的先导课程的参考书。

图书在版编目(CIP)数据

Python 与数据分析及可视化:微课视频版/李鲁群主编;李晓丰,张波编著.—北京:清华大学出版社,2022.1(2023.1重印)

(大数据与人工智能技术丛书)

ISBN 978-7-302-59596-0

Ⅰ. ①P… Ⅱ. ①李… ②李… ③张… Ⅲ. ①软件工具—程序设计②数据处理软件 Ⅳ. ①TP311.561 ②TP274

中国版本图书馆 CIP 数据核字(2021)第 237906 号

责任编辑:黄 芝 张爱华
封面设计:刘 键
责任校对:焦丽丽
责任印制:曹婉颖

出版发行:清华大学出版社
　　　　　网　　　　址:http://www.tup.com.cn,http://www.wqbook.com
　　　　　地　　　　址:北京清华大学学研大厦 A 座　　　　邮　　编:100084
　　　　　社 总 机:010-83470000　　　　邮　　购:010-62786544
　　　　　投稿与读者服务:010-62776969,c-service@tup.tsinghua.edu.cn
　　　　　质量反馈:010-62772015,zhiliang@tup.tsinghua.edu.cn
　　　　　课件下载:http://www.tup.com.cn,010-83470236
印 装 者:三河市天利华印刷装订有限公司
经　　销:全国新华书店
开　　本:185mm×260mm　　印　张:16　　　　　　字　　数:390 千字
版　　次:2022 年 1 月第 1 版　　　　　　　　　　印　　次:2023 年 1 月第 3 次印刷
印　　数:2501~4000
定　　价:49.80 元

产品编号:092031-01

前　言

经过三十多年的发展,Python 已经形成了良好的"技术生态圈"。随着大数据、人工智能技术的发展,Python 数据分析技术已经成为各行各业必备的技能之一。

目前有关 Python 数据分析的教学资源(教材、教程、代码、第三方库)非常多,也非常杂,许多教学案例与技术解决方案已经有更好的替代方案。例如网络爬虫设计,国内大部分教材是使用 request、Beautiful Soup 教学方案,近年来涌现的 Requests-HTML 模块可以更为简捷地实现网络爬虫;又如数据可视化相关教学,国内大部分教材采用 Matplotlib 模块教学方案,而近几年出现的 Seaborn 模块比 Matplotlib 更适合快速数据可视化。针对 Python 与数据分析及可视化相关教学,编者总结了多年的教学经验,在"厚基础、重实践"的指导原则下,针对 Python 语言基础、数据分析和数据可视化等内容,尝试使用比较新的技术与模块来编排教学内容,以适应 Python 的普及教学。

本书特色如下。

- 厚基础,概念清晰。从零编程基础介绍 Python,基础知识比较翔实,并系统地总结基础知识点、绘制相关图表,方便读者学习。
- 重实践,内容实用。注重 Python 风格化编程,将教学与示例代码做到至简,如教材设计的网络爬虫案例,只有寥寥几行代码,就能实现上海市地铁线路数据的爬取;所有案例都使用最实用、最简捷的技术方案作为授课内容(如 Requests-HTML、Seaborn、wordcloud 等)。读者掌握这些内容后,能立刻完成相关数据分析与可视化操作。

本书由李鲁群教授负责统稿并主编,李晓丰负责相关教学案例代码的编写,张波负责习题设计。另外,研究生许崇海、张慎文、陶霜霜和胡天乐负责各个章节的文字校对、代码优化、习题答案的编写以及相关教学视频的录制;具体为许崇海负责第 1～4 章,张慎文负责第 5～7 章,陶霜霜负责第 8～10 章,胡天乐负责第 11、12 章。

本书有配套微课视频,读者可先扫一扫封底刮刮卡内二维码,获得观看权限,再扫一扫正文章节旁二维码,即可观看教学视频。本书还有配套教学课件、教学大纲、代码等资源,读者可扫一扫下方二维码下载。

教学资源

为了方便读者学习,本书配备了自主开发的教学工具 Python Education Tools,该模块已经发布在 pypi.org 网站,读者可扫描下方二维码跳转至该模块的下载链接。

教学工具模块

　　模块的安装方法为：pip install -U python-education-tools

　　该模块提供了教学相关代码工具、数据生成工具，以及所有教学案例等。模块安装后，可使用一行 Python 代码将教学案例下载到 Windows 用户桌面。

　　Python 代码为：from pet.textbook1.codes

　　作者会对模块不断进行更新，从而确保为读者提供最佳的代码工具、教学案例与服务。

　　作者提供的其他教学资源也可以参见 GitHub 网站，读者可扫描下方二维码跳转至下载链接。

其他教学资源

编　者

2021 年 8 月

目 录

第 1 章

绪　　论

Python 语言已经广泛应用于软件开发、Web 应用开发、网络编程、自动化运维、金融数据分析、人工智能和大数据等领域,并成为相关从业人员的必备技能之一。本章介绍 Python 语言的基本概况,使读者对 Python 语言有一个宏观的认识。

本章的学习目标:

- 了解 Python 语言的发展背景;
- 了解 Python 语言的特点、应用;
- 了解人才市场对 Python 开发人才的需求。

1.1　Python 语言简介

Python 语言最早是由荷兰程序员吉多·范·罗苏姆(Guido van Rossum,个人主页为 https://www.python.org/~guido/)开发的一种动态、解释型、高级编程、通用型编程语言(见图 1.1)。1989 年圣诞节期间,吉多·范·罗苏姆为了打发无聊的圣诞假期,开发了 Python 语言。Python 语言的第 1 个版本(官方网站为 https://www.python.org)于 1991 年正式发布。2008 年 12 月 3 日发布了 Python 3.0,目前最新稳定版本为 Python 3.9。经过了三十多年的发展,Python 语言已经广泛应用于软件开发、科学计算、理论模拟、人工智能、服务开发、自动化网络运维等诸多领域,并形成了一个良好的 Python 技术"生态圈",如图 1.2 所示。

可能连 Python 的创始人吉多·范·罗苏姆也没想到当时一时兴起所创造的 Python 语言会在这么多的领域得到应用。从某种意义上来讲,Python 语言在一定程度上改变了计算机世界。

提示:在 Python 提示符>>>下输入 license(),可查看 Python 版本的历史变迁介绍。

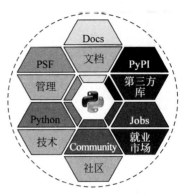

图 1.1　Python 语言的创始人吉多·范·罗苏姆　　　　图 1.2　Python 技术"生态圈"

1.2　Python 的"生态圈"

Python 官方网站由"Python 技术""PSF 组织""Python Docs""PyPI 资源""Python 就业"和"Python 社区"六大板块组成,如图 1.3 所示。各板块主要内容如下。

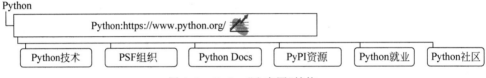

图 1.3　Python"生态圈"结构

（1）Python 技术：发布 Python 最新的技术信息、系统软件等。

（2）PSF 组织：PSF 全称为 the Python Software Foundation,它是一个非营利性组织,负责制定、普及 Python 语言相关标准。它每年举办全球 Python 技术年会 PyCon,发布最新技术与应用。

（3）Python Docs：主要发布 Python 相关标准、技术文档 PEP 标准（PEP：Python Enhancement Proposal)等,如 PEP 8 是有关 Python 代码编写规范的文档。

（4）PyPI 资源：PyPI 全称为 Python Package Index,它是 Python 第三方库资源管理与搜索引擎。

（5）Python 就业：发布世界各地对 Python 技术人才的招聘信息。

（6）Python 社区：非常庞大的开放、多元化社区。该社区有技术论坛 https://discuss.python.org/,提供相关技术信息与专家支持。

从 Python 官方网站这六大板块的内容可以看出,Python 语言已经形成了一个从 Python 技术、管理、文档、社区到行业人才需求的技术"生态圈"。这也是 Python 能迅速发展壮大的原因。

提示：Python 技术标准以 PEP 文档发布（见 https://www.python.org/dev/peps/)。

1.3 Python 语言的特色

Life is short, you need Python(人生苦短,我用 Python)。

Python 是一种解释性、交互式、函数式和面向对象的编程语言,它集超强的函数功能和极清晰的语法于一体。Python 有丰富的第三方库资源,相比其他计算机语言(如 C++、Java 等),开发同样功能的应用程序,使用 Python 开发软件代码量要少得多,能节省大量的人力、物力和时间。

1.3.1 Python 之"禅(Zen)"

Timsort(混合排序)算法的发明者、CPython 的主要贡献者蒂姆·彼得斯(Tim Peters,见图 1.4)将 Python 语言的设计与开发原则总结为一首优美的诗——Python 之"禅(Zen)",并于 2004 年发布,他总结了 Python 编程语言设计的 19 条软件编写原则,并通过 PEP 20 颁布(https://www.python.org/dev/peps/pep-0020/)。

图 1.4 Python 之"禅(Zen)"的作者 Time Peters

Python 之"禅(Zen)"表达了 Python 语言的设计哲学两方面内容:

第一,Python 语言系统(系统层)的设计哲学;

第二,Python 应用软件开发(应用层)的设计哲学。

提示:在 Python 提示符>>>下输入 import this,可以查看 Python 之"禅(Zen)"原文。

Python 之"禅(Zen)" by Tim Peters

- Beautiful is better than ugly.(优美胜于丑陋,以编写优美代码为目标。)
- Explicit is better than implicit.(明了胜于晦涩,代码应当是明了的规范。)
- Simple is better than complex.(简胜于繁,代码应是简洁的,不要有复杂的内部实现。)
- Complex is better than complicated.(复杂胜于凌乱,若复杂难免,那代码间要保持接口简洁。)
- Flat is better than nested.(扁平胜于嵌套,代码应当是扁平的,不能有太多的嵌套。)
- Sparse is better than dense.(间隔胜于紧凑,不要奢望一行代码就解决问题。)
- Readability counts.(优美的代码是可读的。)
- Special cases aren't special enough to break the rules.(特例不可违背这些规则。)
- Although practicality beats purity.(尽管其实用性很强。)
- Errors should never pass silently.(不要放过错误,精准地捕获异常,不写 except: pass。)
- Unless explicitly silenced.(除非你确定需要这样做。)

- In the face of ambiguity, refuse the temptation to guess. (当存在多种可能,不要尝试去猜测。)
- There should be one——and preferably only one——obvious way to do it. (应该有一种——最好只有一种——显而易见的方法)或(如果不确定,就用穷举法。)
- Although that way may not be obvious at first unless you're Dutch. (虽然这并不容易,因为你不是 Python 之父。)
- Now is better than never. (做也许好过不做。)
- Although never is often better than right now. (但不思索就做还不如不做。)
- If the implementation is hard to explain, it's a bad idea. (若方案难解释,则不是一个好方案。)
- If the implementation is easy to explain, it may be a good idea. (大道至简。)
- Namespaces are one honking great idea—let's do more of those! (应尽量使用名字空间。)

以上是 Python 语言设计的方法论的浓缩,也是 Python 语言设计与应用开发的哲学。掌握 Pythonic 风格的代码编写是学好 Python 语言的关键之一。下面仅举一例,如交换两个变量的值的 Python 代码实现。

【例 1.1】 第一个小案例。

用 Pythonic 风格的写法:

```
a,b = b,a
```

不用 Pythonic 风格的写法:

```
temp = a
a = b
b = temp
```

从上面的例子可以看出,交换两个变量的值,用 Pythonic 风格写代码,一行代码就能实现,而使用其他开发语言至少需要 3 行代码。相信随着今后的学习,读者会逐渐体会到 Python 之"禅(Zen)"的每一句话的含义。

1.3.2　Python 语言的特点

1. 源代码开放

Python 是一款自由的、开放源代码软件(Free and Open Source Software,FOSS),其系统软件、源代码可以被自由地分发、复制、修改。目前,Python 已被移植到 GNU/Linux、Windows、FreeBSD、Mac OS 甚至 Android 等操作系统。若 Python 应用代码中不含特定操作系统资源调用,则该代码无须修改可以直接在不同的操作系统下运行。

提示:在 Python 提示符下输入>>> copyright(),可以查看 Python 的版权信息。

2. 解释型

Python 是解释型计算机语言。Python 解释器把源代码转换成字节码的中间形式，然后再把它翻译成计算机使用的机器语言并运行，无须编译。当然，也可以使用第三方工具（如 pyinstaller）将源代码编译成可运行文件。

3. 动态型

Python 拥有动态类型编程语言系统的和垃圾回收功能，能够自动管理内存。在 Python 变量使用之前无须对变量数据类型声明，变量的类型是其被赋值的类型，程序在运行时会自动根据变量值的类型来确定其数据类型，同一个变量会随着赋值的类型不同而动态改变其数据类型。

4. 交互式

Python 是交互式语言。Python 程序脚本直接可以在 IDLE（Integrated Development and Learning Environment，集成开发和学习环境）、IPython 等环境内运行，在 Python 提示符>>>下输入 Python 代码交互运行，非常适合初学者学习和单步程序调试使用。

提示：运行 Python. exe 或 IDLE. exe，在>>>提示符下可以交互运行 Python 代码。

5. 支持多种编程范式

Python 支持多种编程范式，包括命令式、函数式和过程式、面向对象编程。在 Python 语言中函数、模块、数字、字符串都是对象，支持继承、重载、派生、多重继承、重载运算符、泛型设计等。

6. 可扩展与嵌入

Python 语言的设计是可扩展的，并提供了丰富的 API 和工具，程序员能够轻松地使用 C、C++、CPython 来编写 Python 扩展模块。Python 编译器也可以被嵌入到其他需要脚本语言的编程环境内，可以在 C 或 C++程序中嵌入 Python，为这些程序提供脚本功能。因此，有很多人把 Python 作为一种"胶水语言"使用。

7. 丰富的库资源

Python 系统本身拥有一系列标准库，如正则表达式、文档生成、单元测试、线程、数据库等。另外，它还有巨大的第三方库 PyPI（https：//pypi. org/），并有众多最新的人工智能、机器学习库（如 TensorFlow、PyTorch、Caffe）等。开发人员可以非常方便地使用这些库资源，从而大大降低开发工作量。

提示：Python 第三方库 PyPI（https：//pypi. org/）是开发人员必备的资源库。

1.4　Python 语言的应用

Python 应用领域非常广泛,可以应用于嵌入式系统、物联网、台式计算机、服务器和云计算。以下列举几个典型的应用领域。

1. 网络应用

Python 可以便捷地完成网络编程的开发工作、网络自动化运维工作;Python 配合 Django 或 Flask 开发框架,可以迅速完成复杂的、数据库驱动的 Web 网站开发。其自带的 urllib 库,配合第三方的 requests 库和 Scrapy 框架或 requests-html 可以开发网络爬虫,实现相关网络数据的采集。

2. 物联网与云计算

Python 在硬件领域应用也非常广泛。针对 FPGA、嵌入式设备等硬件设备,Python 语言有 MicroPython 版本(https://micropython.org/),使用 MicroPython 可以开发相关的嵌入式应用,完成传感器数据采集、网络传输、数据显示与分析。另外,与云计算相关的 Hadoop、Spark 等平台均提供 Python 开发 API,可以迅速开发云计算方面的应用(见图 1.5 和图 1.6)。

图 1.5　MicroPython 物联网开发板　　　图 1.6　Pynq FPGA 开发板

3. 数据库应用

Python 在数据库方面很优秀,广泛支持从商业型的数据库到开放源代码的数据库、关系数据库和非关系数据库的连接与数据处理。Python 相关 API 可以与 SQLite、Oracle、MySQL、MongoDB 等数据库进行连接,完成对数据库的操作。

提示:Python 第三方库 PyMongo 提供了对 MongoDB 访问的接口。

4. 多媒体与游戏应用

Python 的第三方模块 PIL、CV、Piddle、PyGame、Blender、Panda3d 等可以处理图像、声音、视频、动画、三维动画等媒体。当前广泛应用的人脸识别系统大多数都是基于 Python 和 PIL 等模块实现的,一些游戏也是基于 PyGame 开发的。

5. 数据分析及可视化

Python 第三方库 NumPy、SciPy、Matplotlib、Seaborn、Pandas 等可以完成科学计算和数据分析,绘制高质量的 2D 和 3D 数据视图,实现数据的可视化。

6. 人工智能与机器学习

Python 也是人工智能领域中使用最广泛的编程语言之一,目前比较流行的人工智能机器学习框架大都是用 Python 语言开发的,如 Facebook 的 PyTorch 和 Google 的 TensorFlow 等。

1.5 Python 开发人才需求

“如果说 Java 的发展得益于 Internet,Python 的发展则得益于 AI。”Python 语言已经历三次跳跃式的发展。

第一次是在 2007 年,也是 Google 搜索引擎出现时。当时,“Python 之父”吉多·范·罗苏姆在 Google 公司用 Python 开发了 Mondrian、Rietveld 项目,Google 公司的成功与其开发的 Python 的应用吸引了行业的关注。

第二次是从 2009 年到 2012 年的中国互联网创业潮。许多新兴公司急于快速搭建网络架构,当时 Python 一度成为互联网企业工程师的首选。

第三次是从 2015 年初至今,基于 Python 的人工智能、数据处理框架(如 TensorFlow、PyTorch 等)应用进一步促进了 Python 语言的普及与发展。

Python 语言的每次跳跃式发展都呈现出对人才的巨大需求。图 1.7 所示为国内主要的招聘网站 51job 中 Python 的人才需求情况。由此可知,Python 相关人才需求主要集中在 Web 应用、人工智能、数据分析、网络服务、自动化运维、图像处理、科学计算等领域。相关岗位人才知识结构需求如下。

图 1.7 招聘网站 51job 中 Python 人才需求信息(https://https://www.51job.com/)

1. Python Web 前端开发工程师岗位知识需求

(1) 编程语言:2 年以上 Python 开发经验、扎实的 Python 基础,了解 DjanGO、Flask、Tornado 等至少一种 Web 开发框架。

(2) 深入了解 HTML、CSS、JavaScript,熟练掌握 ES 6/7 新特性,熟悉移动端 Web 开发以及调试相关技能,对 Web 性能优化有一定的经验。

(3) 熟悉至少一种前端开发框架,包括但不限于 React/Vue/Angular。

(4) 掌握 Tornado、Open ERP、DjanGO、Flask。

2. Python Web 后端开发工程师岗位知识需求

(1) 编程语言:2 年以上 Python 开发经验、扎实的 Python 基础,熟练使用 DjanGO、Flask、Tornado 等至少一种 Web 开发框架。

(2) 软件工程:对代码优化、性能优化有自己的理解,有较强的业务理解能力、良好的接口设计风格。

(3) 数据库:熟悉 MySQL、PostgreSQL 等至少一种主流关系数据库;熟悉 Redis、Memcache、MongoDB 等至少一种 NoSQL 数据库;熟悉 Kafka 等大数据处理技术以及 Elasticsearch 等数据存储技术。

(4) 对 Web 后端技术架构有全面理解,熟悉 TensorFlow、PyTorch 等机器学习框架。

3. 算法、数据分析与大数据开发工程师岗位知识需求

(1) 编程语言:精通 Python 编程、NodeJS(JavaScript)、Java、C++等的一种。

(2) 数据库云计算:掌握 Hadoop、HBase、Kafka、Spark、Storm、Flink 等分布式数据存储和分布式计算原理,具有相关系统的调优、运维、开发经验。

(3) 数据分析:熟练使用 NumPy、SciPy、Pandas 和 Matplotlib 等基础数据分析处理包;可以处理大规模的数据集,能熟练使用 SQL,并可以进行分析编程(Python Pandas、R、Julia 等),有良好的数学和统计功底。

总之,Python 语言开发能力是这些岗位的基本功。另外,随着 Python 在深度学习、FPGA 硬件开发、边缘计算、物联网与云计算领域的应用,相关领域对 Python 应用人才的需求仍有很大的空间。

1.6　Python 的学习建议

1. 掌握好 Python 基本概念

建议初学者在掌握 Python 基本概念的基础上,结合数据结构与算法来学习 Python。Python 入门比较容易,但是许多知识点之间(如第三方库)关联并不大。初学者往往被"几行代码做人脸识别""几行代码完成爬虫"等教程诱惑,而忽视 Python 基础知识的学习,在没有掌握 Python 名字空间、模块、类、对象、装饰器、生成器、闭包等概念的基础上,

去从事"几行代码做某某系统"基本上是浪费时间。

2. 掌握纯正的 Python 风格代码编程

初学 Python 可先关注对问题或算法的实现,然后再从软件工程和 Python 语言特色方面来提高代码的质量。Python 语言有许多其他语言没有的语法和函数,许多读者按照其他编程语言(如 Java、C++)的惯性思维来学习 Python 语言,往往不利于掌握纯正的Python 语言。

3. 关注行业动态

Python 语言仅是基础,如果将来要从事相关应用开发,必须结合岗位的需求拓展其他知识。如将来若转向 Python Web 系统开发,还必须学习 DjanGO、Flask、Tornado 等;如果想从事人工智能和机器学习行业,还必须学习 TensorFlow、PyTorch 等框架。

1.7　本书的知识体系结构

图 1.8 所示为本书的知识体系结构。本书将 Python 与数据分析及可视化内容分为5 部分,共 12 章。内容涵盖 Python 基本概念、语言基础、输入输出、文本分析与数字处理、数据分析与可视化。读者通过本书的学习,可以熟练掌握 Python 语言基础,学会数字、文字数据分析及可视化的方法。

图 1.8　本书的知识体系结构

1.8　本章小结

图 1.9 所示为本章知识要点一览图。通过本章的学习,读者需要掌握 Python 语言的基本情况,Python 语言是什么、有什么特点、可以应用在哪些方面,Python 语言人才需求以及如何学好 Python 语言。

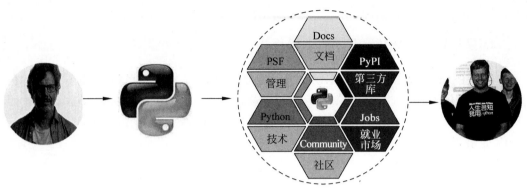

图1.9　本章知识要点一览图

扫码观看

1.9　习题

（1）Python语言最初是由谁开发的？现在最新版本和官方网站是什么？

（2）Python语言的技术"生态圈"组成情况是怎样的？

（3）PSF组织的职能与作用是什么？最近PyCon大会发布了哪些Python新技术？

（4）PEP(Python Enhancement Proposals)是什么？PEP 8的主要内容是什么？

（5）试分析Python人才行业需求。

第 2 章

Python开发环境与工具

本章主要介绍 Python 开发环境与配置,pip 模块管理工具的使用;Python 虚拟环境的建立与使用,以及常用的集成开发环境(IDE)。

本章的学习目标:

- 掌握 Python 系统的安装、帮助系统的使用;
- 掌握 Python 虚拟环境的配置、模块管理工具 pip 的使用;
- 掌握 Spyder、Jupyter Notebook、PyCharm 等集成开发环境的安装与使用。

2.1 Python 的版本介绍

Python 语言是自由、开源、开放的语言,符合 Python 语言规范的 Python 实现版本有数十种之多。表 2.1 所示是常见的 Python 实现版本。

表 2.1 常见的 Python 实现版本

名　　称	简　　介	支 持 版 本
CPython	Python 的官方版本(https://www.python.org/),使用 C 语言实现,使用最为广泛,Python 最新的语言特性通过这里发布	所有版本
Jython	Python 的 Java 实现版本(https://www.jython.org/download)。该版本与 Java 语言之间的互操作性非常好,可以直接使用 Java 已有的类库	Python 2.7.1
IronPython	Python 的 C♯实现版本(https://ironpython.net/)。它将 Python 代码编译成 C♯中间代码,然后运行,它与.NET 语言的互操作性也非常好	Python 2.7
PyPy	Python 的 PyPy 实现版本(https://pypy.org/)	Python 2.7.13 和 Python 3.6
Python for.NET	CPython 实现的.NET 托管版本(http://pythonnet.github.io/)。它与.NET 库和程序代码有很好的互操作性	Python 2.7 和 Pyton 3.5~3.7

更多 Python 版本的信息参见 https://wiki.python.org/moin/PythonImplementations。目前开发 Python 应用系统大多数使用 CPython 版本(Python 官方版本),本书也使用 CPython 版本来介绍 Python 程序设计。

2.2　Python 系统的安装

进入 Python 官方网站(https://python.org),选择 Download,根据操作系统的版本选择相应的 Python 版本下载,如 Windows 10 操作系统需要下载 Windows 64 位版本的 Python 3.8.5。Python 系统安装比较简单(以 Windows 下 Python 3.8.5 安装为例),双击安装文件,按照提示操作即可。安装过程中会自动添加 Python 系统变量,并添加以下两个目录的搜索路径。

(1) C:\Python\Python38\(Python 系统主文件目录)。

(2) C:\Python\Python38\Scripts\(Python 扩展或应用系统目录)。

安装好的 Python 系统目录结构如图 2.1 所示。

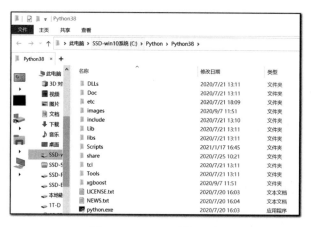

图 2.1　Python 系统目录

Python 系统既是 Python 运行环境,也提供了基本的开发环境(IDLE)。Python 系统文件夹中的主要子目录如下。

(1) DLLs:Python 系统的动态库。

(2) Doc:Python 自带的 Python 使用帮助文档。

(3) include:包含共享目录、CPython、C 语言头文件。

(4) Lib:库文件,存放自定义模块和包。

(5) libs:编译生成的 Python 自己使用的静态库。

(6) Scripts:各种包/模块对应的可运行程序。

(7) tcl:Tcl 语言接口,桌面 GUI 编程包。

(8) Tools:相关的 Python 工具脚本。

注意:Python 第三方应用或类库通常默认安装在\Lib\site-packages 或\Scripts 目录下。若在开发时使用了第三方模块,而这些模块不在\Lib\site-packages 目录下,则需要在 PYTHONPATH 环境变量添加这些类库所在路径。

如图 2.2 所示,可以在系统终端下验证 Python 开发环境,可以输入。

(1) where python:显示 Python 的安装路径;

(2) python -V(或 python -version):显示当前 Python 安装的版本。

【例 2.1】 查看 Python 版本信息。

Python 系统还提供了一个交互开发环境,称为 REPL,即 R(Read)、E(Evaluate)、P(Print)、L(Loop)环境。简而言之,就是输入命令(Read),它就会被解释(Evalueate),命令的结果会转发出来(Print)。这个流程会一直持续到退出(Loop)。REPL 的提示符为>>>。

(1) 进入 REPL 环境:输入 python,进入 Python 交互运行提示符>>>,在此环境下可以直接单步输入 Python 程序语句或表达式运行,并立即返回结果。

(2) Python 系统自带 IDLE 环境,IDLE 是基于 Tkinter 界面 Python 所内置的开发与学习环境,也属于 REPL 开发环境,但比基本的 REPL 功能强大得多。在此环境内可以完成单行 Python 代码即表达式的交互运行(见图 2.3)。

图 2.2 Python 的版本信息

图 2.3 Python 的 REPL、IDLE 开发环境版本信息

(3) 在>>>提示符下,输入 print('hello world') 后按 Enter 键,即可看到运行结果 'hello world'。

(4) 如果退出要 Python 交互运行环境,只需要输入 exit()或 quit()命令。

2.3 Python 帮助系统

Python 的帮助文档无论对初学者还资深的开发者来说都至关重要,Python 系统有 3 种高效的获取 Python 帮助文档的方法。另外,还有通过 HTTP 共享文件的服务(见图 2.4)。

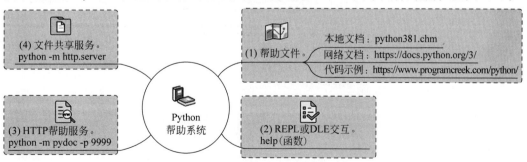

图 2.4 获取 Python 帮助文档的几种方式

2.3.1 Python 帮助文档

Python 系统安装好后,在系统目录下有一个\Doc 目录,该目录有系统对应版本的帮助文档,该文档是.chm 格式,图 2.5 所示为 Python 的帮助文档。本地文档为 C:\Python\Python38\Doc\ python381.chm。

图 2.5 Python 的帮助文档

另外，官方还提供了不同语言版本的在线帮助文档。在线文档为 https://docs. python.org/3/（英文）和 https://docs.python.org/zh-cn/3/（中文版）。

2.3.2　REPL 下的 help()函数

Python REPL 或 IDLE 环境下，也提供了交互帮助系统。开发过程中，可以随时调用 help() 函数，甚至在程序代码中也可以直接调用 help()函数，随时获取帮助信息。

在>>>提示符下，输入 help()或"help(函数名)"，进入 help >提示符，可以输入要帮助的关键字。若退出帮助系统，则输入 quit 命令。

2.3.3　基于 HTTP 服务的帮助系统

Python 提供了基于 HTTP 服务的帮助系统。可以使用一条命令可以创建并启动该服务（见图 2.6）。命令为：

```
C:\python － m pydoc － p 9999
```

这里是使用端口 9999，启动 Python 文档帮助服务。

```
C:\Users\Administrator>python -m pydoc -p 9999
Server ready at http://localhost:9999/
Server commands: [b]rowser, [q]uit
Server>
```

图 2.6　Python 语言的本地文档服务器

在 Server >提示符下，输入 b，即可启动默认的浏览器。浏览器启动以后，会显示系统所安装的所有模块，每一个模块链接都对应其帮助文档。图 2.7 所示为 Python 语言的本地在线帮助系统。

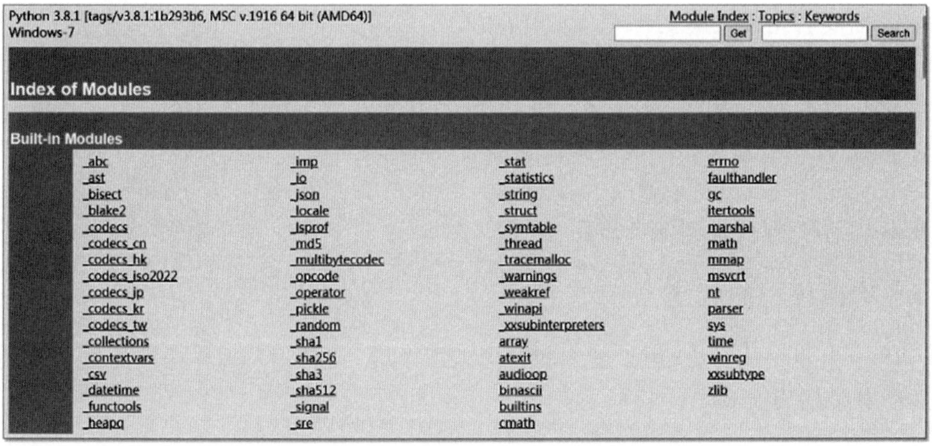

图 2.7　Python 语言的本地在线帮助系统

在 Server >提示符下，输入 q，即可关闭服务。该服务器不仅可以查看 Python 的标准帮助文档，而且可以查看第三方安装模块的帮助信息。

另外，还可以通过 HTTP 实现共享文件的服务。命令为：

```
python - m http.server
```

2.3.4　Python 案例代码搜索引擎

除了 Python 系统的帮助文档外，许多第三方网站还提供了 Python 代码案例搜索引擎，如图 2.8 所示。

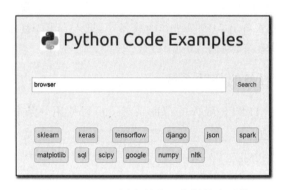

图 2.8　Python 语言的代码案例搜索引擎

如使用 https://www.programcreek.com/python/，可以搜索或浏览使用 Python 的代码案例，该资源无论对 Python 初学者和资深程序员都有帮助。

2.4　Python 虚拟开发环境

安装好 Python 系统后，就拥有了 Python 开发环境。开发不同的 Python 应用程序可能会使用同一个第三方模块或包，但版本不一样。如在同一个 Python 开发环境下，应用程序 A 需要特定模块 B 的 1.0 版本，应用程序 C 需要特定模块 B 的 2.0 版本。应用程序 A 与 C 对第三方库 B 的需求存在冲突，而模块 B 的 2.0 版本与 1.0 版本不兼容，无论安装模块 B 版本 1.0 或 2.0 都会将导致 A 或 B 其中一个无法正常运行。

另外，有时要对开发环境进行测试或部署，这时候就需要使用 Python 的虚拟开发环境(Virtual Environment)来解决这些问题。Python 虚拟环境可以为不同的应用配置不同的开发与运行环境，使得相关应用互不干扰。

2.4.1　虚拟环境的创建

Python 自带模块 venv 用于创建和管理虚拟环境。创建 Python 虚拟环境非常简单，其创建命令格式为：

```
python - m venv tutorial - env
```

这里 tutorial-env 是定义虚拟环境的名称，也是虚拟环境的文件目录。如果该目录不存在，上述命令将自动创建 tutorial-env 目录，并在其中创建包含 Python 解释器、标准库和各种支持文件的副本的目录。

2.4.2　虚拟环境的使用

创建完虚拟环境,然后将其激活,就可以使用了。在 Windows 上激活虚拟环境的命令为:

```
tutorial - env\Scripts\activate.bat
```

这样就可以启动虚拟环境了,该环境仅包含标准的 Python 库的"纯净"系统,可以在这个虚拟环境下使用 pip 工具进行模块或包的管理。

2.5　Python 包管理工具 pip

Python 的普及很大程度上得益于有丰富、庞大的第三方类库(模块)。这些类库(模块)被打包成 Python 包的文件格式(通常是 ∗.whl 格式),可由 Python 提供的工具 pip 来管理。pip 的全称是 Package Installer for Python,它是 Python 标准库(the Python Standard Library)中的一个包。pip 可以完成相关包(模块)的安装、卸载、查询、显示等。pip 默认从 PyPI(https://pypi.org/)自动下载、安装相关包(模块)。另外,pip 还支持从其他镜像网站或本地文件进行安装。下面介绍 pip 相关命令。

提示: 也可以使用 pip -V 命令查看 pip 工具的版本。

2.5.1　显示已安装的模块:pip list

通常,做任何 Python 应用开发,都要先查看系统已经安装了哪些模块、这些模块是否满足开发需要(这个非常重要)。可以使用 pip list 命令,如图 2.9 所示。

```
Microsoft Windows [版本 6.1.7601]
版权所有 (c) 2009 Microsoft Corporation。保留所有权利。

C:\Users\Administrator>pip list
Package      Version
-----------  ----------
pip          19.2.3
setuptools   41.2.0
WARNING: You are using pip version 19.2.3, however version 20.0.2 is avail
You should consider upgrading via the 'python -m pip install --upgrade pip
and.

C:\Users\Administrator>
```

图 2.9　使用 pip list 命令显示 Python 已经安装的模块信息

由图 2.9 可以看出系统已经安装好了 pip 和 setuptools 两个模块。通常情况下,安装完 Python 系统后,若系统提示有新版的 pip 工具可以更新,直接按照提示更新 pip 工具。输入命令 python -m pip install --upgrade pip 或 pip install -U pip,可以把 pip 工具升级到最新版。这个非常重要,因为后续安装所有类库(模块)都需要使用 pip,有些模块或包必须要使用最新版的 pip 工具才能进行安装,图 2.10 为升级 pip 工具过程,更新后的类库(模块)版本信息如图 2.11 所示。

使用 pip show pip 命令可以看到 pip 包的版本已经由 19.2.3 升级到 20.3.3 版本。

```
C:\Users\Administrator>pip install -U pip
Looking in indexes: https://pypi.tuna.tsinghua.edu.cn/simple
Collecting pip
  Downloading https://pypi.tuna.tsinghua.edu.cn/packages/54/eb/4a3642e971f404d69d4f6f
a3885559d67562801b99d7592487f1ecc4e017/pip-20.3.3-py2.py3-none-any.whl (1.5 MB)
                                        1.5 MB 284 kB/s
Installing collected packages: pip
  Attempting uninstall: pip
    Found existing installation: pip 20.2.3
    Uninstalling pip-20.2.3:
      Successfully uninstalled pip-20.2.3
```

图 2.10　升级 pip 工具过程

```
C:\Users\Administrator>pip show pip
Name: pip
Version: 20.3.3
Summary: The PyPA recommended tool for installing Python packages.
Home-page: https://pip.pypa.io/
Author: The pip developers
Author-email: distutils-sig@python.org
License: MIT
Location: c:\python\python38\lib\site-packages
Requires:
Required-by:

C:\Users\Administrator>
```

图 2.11　更新后的类库(模块)版本信息

提示：显示特定模块信息可以使用 pip list │findstr，如：pip list │ findstr "tensorflow"。

2.5.2　显示特定模块信息：pip show

接着 2.5.1 节,在获取已经安装类库(模块)的名称、版本的基础上,如果想进一步查看它们的详细信息,可以使用 pip show 命令显示其详细信息(见图 2.12)。

```
C:\Users\Administrator>pip show tensorflow
Name: tensorflow
Version: 2.2.0
Summary: TensorFlow is an open source machine learning framework for everyon
e.
Home-page: https://www.tensorflow.org/
Author: Google Inc.
Author-email: packages@tensorflow.org
License: Apache 2.0
Location: c:\python\python38\lib\site-packages
Requires: tensorboard, termcolor, keras-preprocessing, scipy, absl-py, opt-e
insum, numpy, six, google-pasta, h5py, grpcio, protobuf, wrapt, wheel, gast,
 astunparse, tensorflow-estimator
Required-by:

C:\Users\Administrator>
```

图 2.12　显示模块的详细信息

如使用 pip show pip 命令可以获取类库(模块)开发者的主页、E-mail,本地安装路径等信息。这可以方便与开发者交流。

2.5.3　安装第三方模块：pip install

Python 相关的第三方类库(模块)的安装方法与传统的 Windows 应用程序安装方法完全不同,它是通过 pip install 命令来安装相关模块或程序的。pip 默认从 PyPI (https://pypi.org/)网站上自动下载相应的类库(模块)并安装到本地。

安装过程中会自动解包,得到类库(模块),把它们安装在 Python 系统目录的\Lib\site-packages 或\Scripts 子目录下。

1. 直接安装

(1) 安装命令：pip install <模块名>,如：

```
pip install SomePackage              # 最新版本
pip install SomePackage == x.x.x     # 指定版本
pip install 'SomePackage > = x.x.x   # 最小版本
```

(2) 批量安装模块命令：pip install -r requirements.txt(批量安装文件)。requirements.txt 内容为文本：

```
SomePackage == x.x.x
...
```

2. 指定镜像服务器安装

pip 默认从 PyPI 下载安装，由于国内访问 PyPI 网站速度较慢，因此可以指定网速较快的镜像服务器来解决该问题。图 2.13 所示为 pip 工具安装 Python 库文件。

图 2.13　使用 pip 工具安装 Python 库文件

安装命令：

```
pip install <模块名> - i server
```

安装命令：

```
pip install - r requirements.txt - i server
```

目前国内常用的镜像服务器有很多，如：

（1）清华大学：https://pypi.tuna.tsinghua.edu.cn/simple。

（2）阿里云：http://mirrors.aliyun.com/pypi/simple/。

（3）中国科技大学 https://pypi.mirrors.ustc.edu.cn/simple/。

（4）华中理工大学：http://pypi.hustunique.com/。

（5）山东理工大学：http://pypi.sdutlinux.org/。

如，安装 NumPy 可以使用 pip install numpy -i http://mirrors.aliyun.com/pypi/simple/ 命令。

另外，还可以将镜像服务器设为本地默认安装服务器，即在 Windows 下，直接在当前用户目录中创建 pip 目录。如，C:\Users\当前用户名\pip，在该目录下创建文件 pip.ini。文件内容为：

```
[global]
index - url = https://pypi.tuna.tsinghua.edu.cn/simple
[install]
trusted - host = mirrors.aliyun.com
```

在 Linux 下，修改 ～/.pip/pip.conf（若该文件不存在，则创建文件夹及文件。文件夹要加"."，表示是隐藏文件夹），pip.conf 内容与此同。

配置好以后,使用 pip install 命令安装第三方模块,系统会自动从该镜像服务器下载、安装。

3. 下载 whl 格式包:pip download

如果要从 PyPI 网站下载安装包(*.whl 俗称"轮子"文件),可以用使用 pip download 命令下载。

命令格式:

```
pip download  <模块名>
```

功能:下载相关的模块或包安装文件(含其依赖的其他库)到本地。如,下载 NumPy 模块到本地,可以使用命令 pip download numpy,稍后可以在本地得到 numpy-1.18.1-cp38-cp38-win_amd64.whl 文件和相关依赖模块(文件可能不止一个)。

4. pip 的离线本地安装

pip 也支持离线安装。可以先将安装包下载到本地,然后进行离线安装。有许多网站提供离线安装包的下载。如 https://www.lfd.uci.edu/~gohlke/pythonlibs/ 网站提供了 Python 非官方的 Windows 32 位、64 位的离线第三方库安装包。或者使用 pip download 命令直接从官方网站下载安装包,得到的安装包的格式为 *.whl。注意,下载的安装包文件可能是多个安装文件(存在依赖文关系的安装包)。

安装命令:

```
pip install Package.whl(离线本地安装)
```

如:

```
pip install pandas-0.22.0-cp36-cp36m-win_amd64.whl
```

5. 升级安装模块:pip install -U

pip install -U 命令可完成版本更新的任务。如果旧版本类库(模块)已经安装了,且 PyPI 网站上有新版文件,则该命令先卸载旧版本,再安装新版本;若类库(模块)以前未安装,则直接安装新版本。

升级命令:

```
pip install -U <模块名> 或 pip install <模块名> -- upgrade
```

如:

```
pip install -U numpy 或者 pip install -upgrade numpy
```

以下为 Python 开发常见的模块升级安装命令:

- pip install -U numpy
- pip install -U matplotlib
- pip install -U pandas

2.5.4　卸载模块：pip uninstall

如果卸载已经安装的模块，则可以使用 pip uninstall <模块名>，该命令是运行 pip install 的逆过程。

卸载命令：

```
pip uninstall <模块名>
```

卸载命令：

```
pip uninstall - r requirements.txt
```

功能：卸载相关模块。

```
pip uninstall SomePackage
pip uninstall - r requirements.txt(批量安装文件)
```

requirements.txt 内容为：

```
SomePackage = = x.x.x
```

2.5.5　模块信息收集：pip freeze

命令格式：

```
pip freeze
```

功能：该命令显示已经安装所有模块的信息。通常用来获取开发环境所有模块版本信息，然后配合 pip install 命令将该环境复制到其他环境。Github 上大多数使用 Python 开发的开源软件都带有 requirements.txt 文件，该文件指明软件运行环境所依赖的安装模块的名称和版本清单，可以通过如下命令获得：

```
pip freeze > requirements.txt
```

用户获得 requirements.txt 文件后，直接使用 pip install -r requirements.txt 命令就可以安装 requirements.txt 模块清单的软件，得到所需的 Python 运行环境。

pip 的功能非常强大，其他的功能还有很多(如，模块搜索，命令为 pip search numpy)，在此不一一列举了，读者可以参考文档 https://pip. pypa. io/en/stable/user_guide/。

2.6　Anaconda Python 集成安装工具

Python 系统安装及模块管理，还可以使用 Anaconda(https://www. anaconda. com/)安装包来管理。Anaconda 集成了 Python 系统和 Python 常用的第三方模块或包和工具，只要按照 Anaconda 的提示进行安装，就可完成 Python 和绝大多数常见的第三方包的安装，但其比较庞大。考虑到与诸多的第三方模块或库的兼容性，Anaconda 中的 Python 版本和模块的版本可能不是最新的。图 2.14 所示为 Anaconda 安装包的信息。这里不做介绍。

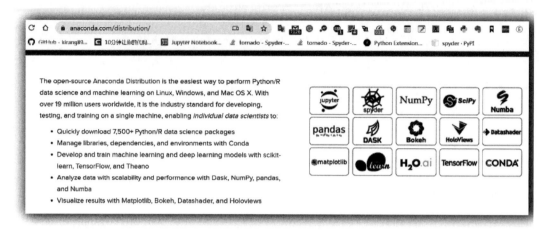

图 2.14   Anaconda 安装包的信息

2.7   Python 集成开发环境

Python 的集成开发环境(Integrated Development Environment,IDE)是专为开发人员设计的工具,可以轻松地完成 Python 编码和调试,管理大型代码库并实现快速部署。Python 系统本身自带的 IDLE 也是一种简易的 Python 集成开发环境。

除此之外,Python 的第三方集成开发环境很多,大多数都是免费的(或有免费的社区版本),如 Spyder、PyCharm、Jupyter Notebook、Jupyter Lab、Mu、Sublime Text、Visual Studio Code、Atom、Pydev、Thonny 等(可参考 https://www.guru99.com/python-ide-code-editor.html)。

随着人工智能(AI)与辅助编程技术的发展,AI 融入集成开发环境已经成为发展趋势。一些集成开发环境已经开始提供 Python 代码提示的 AI 辅助编程模块。如 Spyder 已经集成的 Kite(人工智能辅助编程)插件、PyCharm 开发环境下的 Kite 插件和 Jupyter Notebook 下的 TabNine 插件,都可以实时提供智能辅助编程提示,提高 Python 代码编写效率。

2.7.1   Spyder

Spyder 是一款免费的 Python 集成开发工具,它能够与诸多 Matplotlib、SciPy、NumPy、Pandas、Cython、IPython、SymPy 等开源软件集成,界面与 MATLAB 类似。

下载链接: https://www.spyder-ide.org/。

安装命令:

```
pip install - U spyder
```

使用命令 spyder,即自动出现如图 2.15 所示的界面。

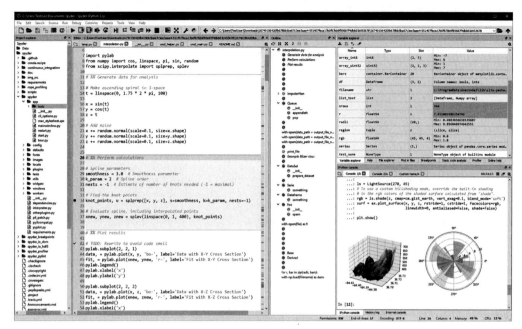

图 2.15　Spyder 集成开发环境

2.7.2　Jupyter Notebook

Jupyter Notebook 也是非常好的 Python 集成开发工具,它可交互运行 Python 代码,Python 代码与运行结果同时保存在同一个页面中。它不仅可以用作 Python 代码编辑器,还可以用作教育工具或演示文稿,任何文本 Markdown、Python、R、LaTeX 等中的代码都可以在 Jupyter Notebook 中交互运行。

下载链接:https://jupyter.org/documentation。

安装命令:

```
pip install - U jupyter
```

使用命令 jupyter notebook 后,出现如图 2.16 所示的基于 HTML 5 的开发界面。

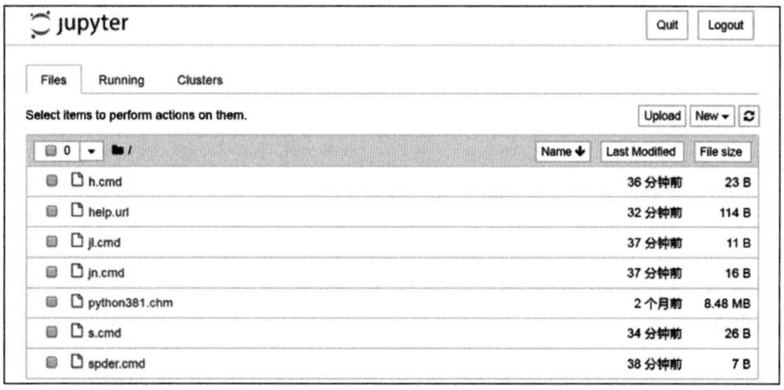

图 2.16　Jupyter Notebook 集成开发环境

另外,推荐安装 Jupyter TabNine 代码人工智能提示插件(https://tabnine.com/)。该扩展包含一个 pypi 软件包,其中包括一个 JavaScript 笔记本扩展以及一个 Python Jupyter 服务器扩展。可以为 Jupyter Notebook 提供智能代码提示功能。

(1) 安装软件包的命令:

- pip install -Uhttps://github.com/wenmin-wu/jupyter-tabnine/archive/master.zip。
- pip install -U jupyter-tabnine。

(2) 启用插件服务:

- jupyter nbextension enable --py jupyter_tabnine [--user|--sys-prefix|--system]。
- jupyter serverextension enable --py jupyter _ tabnine [--user |--sys-prefix |--system]。

安装结束后,运行 jupyter notebook 命令即可启动 jupyter notebook 开发环境。此时,Jupyter TabNine 便处于活动状态(按 Shift+Space 快捷键可以显示代码提示)。

2.7.3 Jupyter Lab

Jupyter Lab 集成开发环境可以看成 Jupyter Notebook 的升级版本。Jupyter Lab 还提供了查看和处理数据格式的统一模型(参见 https://jupyterlab.readthedocs.io/en/stable/index.html)。Jupyter Lab 可以解析许多文件格式(图像、CSV、JSON、Markdown、PDF、Vega、Vega-Lite 等)。

安装命令:

```
pip install - U jupyterlab
```

使用 c:\jupyter lab 命令,即出现如图 2.17 所示的基于 HTML 5 的开发界面。

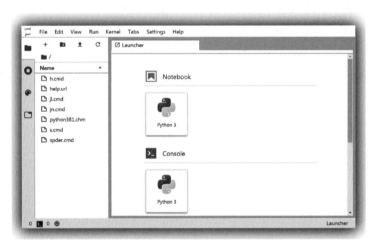

图 2.17　Jupyter Lab 集成开发环境基于 HTML 5

2.7.4 PyCharm

PyCharm 是 Python 专业的跨平台集成开发环境,它有 Windows,Mac OS 和 Linux 上等版本。它是一个智能的 Python 代码编辑器,支持 CoffeeScript、JavaScript、CSS 和

TypeScript,提供智能搜索、智能代码导航,支持访问 PostgreSQL、Oracle、MySQL、SQL Server 和许多其他数据库。该集成开发环境提供了二次开发 API,开发人员可以使用它开发 PyCharm 插件,并扩展 PyCharm 基本功能。建议安装 PyCharm 的 Kite 插件,PyCharm＋Kite 便于 Python 代码的学习、提高开发速度。图 2.18 所示为 Pycharm 集成开发环境展示图。

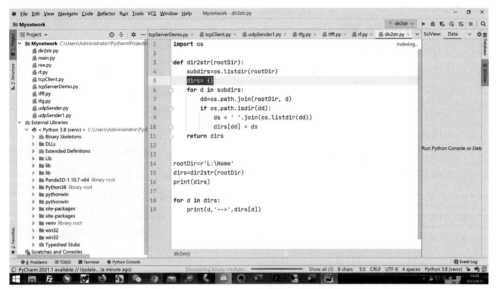

图 2.18　PyCharm 集成开发环境

下载链接:https://www.jetbrains.com/pycharm/。

针对高校教师和学生,PyCharm 提供了免费的许可证,高校教师和学生可以免费申请一年许可证,许可证到期后可以免费续订。

2.8　本章小结

图 2.19 所示为本章核心知识点脉络图。本章主要介绍 Python 开发环境、虚拟环境

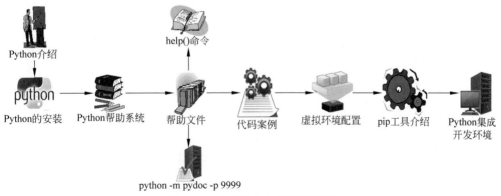

图 2.19　本章核心知识点脉络图

的安装与配置,以及包管理工具 pip 的使用;Python 帮助文档的使用、常见的 Python 开发工具 Spyder、Jupyter Notebook 等集成开发环境的安装与使用。

扫码观看

2.9 习题

(1) 常见的 Python 实现版本有哪些?

(2) 如何查看当前安装的 Python 版本?

(3) Python 第三方应用或类库通常默认安装在哪个目录下?

(4) 什么是 REPL? 环境提示符是什么? 退出 Python 运行环境的命令函数是什么?

(5) 创建 Python 虚拟环境的命令是什么? 激活虚拟环境的命令是什么?

(6) 如何获取当前 Python 开发环境下安装的第三方模块信息?

(7) 如何使用 pip 工具安装、卸载第三方模块?

(8) pip freeze 的用途有哪些?

(9) 如何将某一 Python 开发环境下的软件配置复制到另一个开发环境?

(10) 安装 Spyder,体会机器学习代码提示辅助编程工具 Kite 的使用。

(11) 自学 Anaconda Python 开发与管理工具。

第 **3** 章

Python的基本概念

本章主要介绍 Python 程序设计的基本概念。

本章的学习目标:

- 掌握 Python 源程序的结构,编码、标识符、注释(含 docString)的使用;
- 掌握 Python 关键字、常见的内置函数、Python 名字空间的概念;
- 掌握 PYTHONPATH 环境变量的配置与使用、Python 模块与包的使用。

3.1 Python 相关的文件

3.1.1 Python 的几种文件类型

Python 系统软件既是一个 Python 程序开发环境,也是一个 Python 程序运行环境。Python 系统有以下几种类型的文件。

(1) py: Python 源代码文件。

(2) pyc: Python 字节码文件。

(3) pyw: Python 带用户界面的源代码文件。

(4) pyx: Python 包源文件。

(5) pyo: Python 优化后的字节码文件。

(6) pyd: Python 的库文件(Python 版 DLL),在 Linux 上是 so 文件。

最常见的是 *.py 和 *.pyc 格式的 Python 程序文件。

3.1.2 Python 源程序示例

首先看一个 Python 源程序示例。该程序的功能是:打印当前日期时间,调用函数 hi()显示字符串"hello"+参数信息。

【例 3.1】 Python 程序代码示例。

```
# - * - coding: utf - 8 - * -          • 源文件编码格式声明
"""
Created on Tue Feb 25 09:07:47 2020
@author: Administrator                  • 注释信息
"""
import datetime                         • 引入外部模块(库)

# 获取当前时间                           • 注释信息
t = datetime.datetime.now()             • 源代码
def hi(name):                           • 定义 get_py()函数
    """
    Parameters
    ----------
    f : list
        files and directories list      • 注释及帮助信息,可能用__doc__获取字符串内容
    Returns
    -------
    flpy : list
        list only contains python files.
    """
    return 'hello:' + str(name)         • 函数返回值

if __name__ == "__main__":              • 判断是否运行在主模块
    print(t)
    print(hi('James'))                  • 程序源代码
```

将上面的程序代码保存到 c:\mycode\demo.py 文件。在操作系统提示符下输入 c:\python c:\mycode\demo.py,Python 会自动在其所在的目录下创建_pycache_文件夹,并将 demo.py 编译,得到 demo.cpython-38.pyc 字节码文件。程序运行结果:

```
2020 - 04 - 03 11:58:19.445626
hello:James
```

从上面的演示代码可以看出,一个 Python 程序通常由源码格式声明、注释、引入外部模块(库)、源代码、函数、类等语句组成。每条语句根据 Python 的语法规则构成,包含源码格式声明、注释、标识符、运算符、关键字、函数、类等。

3.1.3 Python 源程序编码格式

Python 源程序是文本文件,默认为 UTF-8 编码。可以使用任何文本编辑器编写 Python 源程序。不同操作系统下对文本编码可能不同,如在 Windows 操作系统下的记事本可以选择 ANSI、Unicode、Unicode big endian、UTF-8 类型的编码(见图 3.1)。这就导致 Python 的源程序可能存在多种编码。

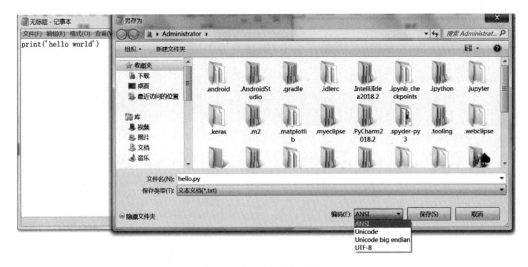

图3.1 源程序的编码格式

如果源码文件使用非 UTF-8 类型的编码,必须在 Python 源程序的第一行声明文件的编码格式。如:

```
# - * - coding: cp - 936 - * -
```

3.1.4 Python 源程序的注释与文档字符串

Python 有单行和多行注释两种方式。Python 程序的注释语句的作用主要是备注程序代码功能和逻辑关系、算法的编写思路,以便于程序的后期维护等。另外,符合规范的Python 程序注释,可以自动生成对应的帮助文档。

(1) 单行注释。Python 中单行注释以#开头。实例如下:

【例 3.2】 第一个注释。

```
#第一个注释
print ("Hello, Python!")
```

(2) 多行注释。多行注释可以用多个 # 号或用成对的三个单引号 ''' 或三个双引号 """来标注。

例 3.1 所示的程序已经演示了单行注释与多行注释。

另外,Python 语言引入了文档字符串(docString)机制。文档字符串是一种多行注释,它作为模块、函数、类或方法定义中的第一条注释语句出现。这样的文档字符串自动成为该函数或对象的特殊属性__doc__。

__doc__属性可以被 Python 程序访问,而且还可以直接由相关工具生成 HTML 等格式的文档。Python 的 PEP257(https://www.python.org/dev/peps/pep-0257/)规定了文档字符串的标准格式。

【例 3.3】 查看__doc__属性。

通过代码:

```
print(hi. doc__)
```

或者在 Python 提示符>>>下输入 help(hi),均打印如下信息:

```
Help on function hi in module __main__:
hi(name)
     Parameters
     ----------
    name : string
        a string,such as name
    Returns
    -------
    flpy : string
        hello + string
```

3.1.5 Python 语言的代码块

Python 语言的代码块是指具有一定逻辑功能的 n 行代码语句。Python 使用相同的缩进空格来表示同一代码块。

(1) 缩进空格。缩进的空格数是可变的,但是同级别的一个代码块的语句必须包含相同的缩进空格数。通常采用 4 个空格表示一个缩进。

【例 3.4】 Python 语言代码块缩进代码示例。

```
if True:
    print ("True")
else:
    print ("False")
```

如果同级别代码块缩进数的空格数不一致,会导致运行错误:

```
if True:
    print ("Answer")
    print ("True")
else:
    print ("Answer")
  print ("False")                        #缩进不一致,会导致运行错误
  File "<tokenize>", line 6
    print ("False")
    ^
IndentationError: unindent does not match any outer indentation level
```

(2) 分行语句。Python 通常是一行写完一条语句,但如果语句很长,可以使用反斜杠(\)来实现将一行长的语句分成多行语句。

【例 3.5】 Python 语言一行长代码换行写法代码示例。

```
total = "A33"\
        "B44"\
        "C55"
print(total)
```

在[],{},或()中的多行语句,不需要使用反斜杠(\)。例如:

```
total = ['item_one', 'item_two', 'item_three',
        'item_four', 'item_five']
A33B44C55
```

3.2　Python 语言的关键字

Python 语言的关键字是构造 Python 逻辑程序代码的核心要素,关键字类似英语中的"单词",它与用户定义的变量或函数组合构成程序语句代码。

关键字可以按类别分为常量、逻辑运算、程序流控制、异常与上下文处理、函数相关、模块与类管理 6 大类(见图 3.2)。

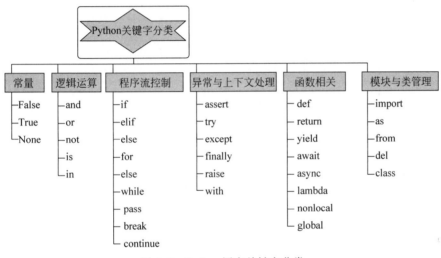

图 3.2　Python 语言关键字分类

另外,有趣的是 Python 提供了一个 keyword 模块,使用两行 Python 程序代码可以输出当前 Python 版本的所有关键字。

【例 3.6】　查看当前 Python 版本所有关键字。

```
>>> import keyword
>>> keyword.kwlist            #关键字列表
>>>     len(keyword.kwlist)   #统计关键字的个数
```

上述代码运行结果:

```
['False', 'None', 'True', 'and', 'as', 'assert', 'async', 'await', 'break', 'class', 'continue', 'def',
 'del', 'elif', 'else', 'except', 'finally', 'for', 'from', 'global', 'if', 'import', 'in', 'is',
 'lambda', 'nonlocal', 'not', 'or', 'pass', 'raise', 'return', 'try', 'while', 'with', 'yield']
35
```

可以看到,Python共有35个关键字。有许多关键字与其他编程语言是相同的。如'assert'、'break'、'class'、'continue'、'else'、'except'、'finally'、'for'、'if'、'import'、'return'、'try'、'while'等与Java语言的关键字是相同的,而且含义和用法也是一样的。

提示: 程序员自定义自变量、函数不能与关键字相同,否则程序会报错。

3.3 Python的标识符

Python语言中用户定义的变量、函数、类名、模块等是用标识符来表达的。标识符有比较严格的命名规则,这些规则为:

(1) 标识符不能与关键字相同。

(2) 标识符的第一个字符必须是字母(ASCII码字符或Unicode码字符)或下画线(_)。标识符对英文的大小写敏感。标识符的其他部分可以由字符、下画线、数字组成,标识符的长度没有限制。

可以使用非ASCII码字符做标识符,如中文作为变量名或函数名。如_ko、"中国"、disk等是合法的标识符;3ks、in、+wps等是不合法的标识符。

Python中的特殊标识符为下画线标识符。

Python有其专用的下画线标识符,"_"(1个下画线)或"__"(2个下画线)可作为变量标识符的前缀和后缀来标识特殊变量。表3.1所示为Python中的下画线标识符。

表 3.1　Python 中的下画线标识符

类　　型	描　　述	含　　义	示　　例
_xxx	1个下画线开始	保护变量,只有类对象自己和子类对象能访问到这些变量	_foo
__xxx	2个下画线开始	私有成员,只有类对象自己能访问,连子类对象也不能访问	__foo
__xxx__	2个下画线开头、结尾	通常是Python系统定义的名字	__init__()、__main__

一般来讲,变量名_xxx被看作是"私有的",在模块或类外不可以使用。当变量是私有的时候,用_xxx来表示变量是很好的习惯。

由于下画线对Python解释器有特殊的含义,建议初学者在不明确下画线的含义时,避免用下画线开头或结尾的标识符作为变量名。

3.4 Python的内置常量

Python内置的名字空间中已经定义了6个常量(见图3.3)。

(1) False:bool类型的假值。

(2) True:bool类型的真值。

(3) None:NoneType类型的唯一值。None经常用于表示缺少值。

(4) Ellipsis:省略号文字,Python使用"…",主要与用户定义的容器数据类型的扩展切片语法结合使用。

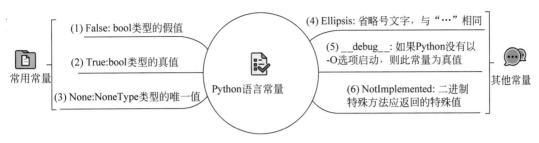

图 3.3　Python 语言中的 6 个常量

（5）__debug__：如果 Python 没有以 -O 选项启动，则此常量为真值。

（6）NotImplemented：二进制特殊方法应返回的特殊值（某些方法没有被实现，返回该错误）。

3.5　Python 的内置函数

Python 语言核心部分内置了大约 69 个内置函数（也称内部函数）。在 Python 程序中，可以直接调用这些函数（https://docs.python.org/3.9/library/functions.html）。进入 Python 系统，在>>>提示符下，输入 dir(__builtins__)，就会显示 Python 内置空间中的函数名、常量和关键字。

Python 语言内置函数可参看 https://docs.python.org/3.9/library/functions.html。可以将 Python 内置函数分为数字相关、数学运算、编码相关、序列相关、对象相关、系统函数、输入输出和变量相关 8 个大类（见图 3.4）。

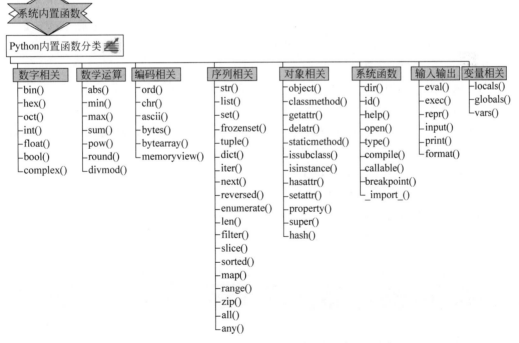

图 3.4　Python 语言内置函数及分类

提示：避免使用与内置函数名相同的标识符(变量名、函数、类名等)。否则，内置函数会被用户定义的同名标识符覆盖。

在此，先介绍 Python 使用频率最高的几个内置的函数(见图 3.5)。

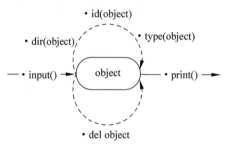

图 3.5　常见内置函数

(1) 对象相关的常用内置函数。

• id(object)

功能：返回对象在内存中的地址。

• dir(object)

功能：查看对象的相关名字空间，返回该空间的对象列表。

• type(object)

功能：可以获取 object 对象的类型。

• del object

功能：删除 object 对象。

(2) 常用输入输出函数。

• input([prompt])

功能：输入函数。显示提示信息，等待用户输入，返回输入字符串 str。

• print(* objects, sep=' ', end='\n', file=sys. stdout, flush=False)

功能：输出函数。将对象 objects 打印到输出流。

3.6　Python 的名字空间

在 Python 程序中，变量、函数、类等都是通过标识符来定义的。每一个标识符都会在相关的名字空间(namespace)占据一定位置。Python 会把命名后的变量、函数、类、对象分配到的相关的名字空间，并通过名称在相应名字空间中查找、使用它们。

Python 名字空间有两个作用：

(1) 区分不同作用域；

(2) 防止同名变量、函数、类等名字冲突。

若 Python 同一个名字空间中出现同名变量、函数、类等，则出现的同名变量、函数、类将覆盖先前的。

查看名字空间的命令函数是 dir()。

如，查看定义 x=100 前后 Python 名字空间内的变化情况。

【例 3.7】　查看名字空间。

定义变量前名字空间内的对象名称：

```
>>> dir()
['__annotations__', '__builtins__', '__doc__', '__loader__', '__name__', '__package__',
'__spec__']
```

定义变量后名字空间内的对象名称：

```
>>> x = 100
>>> dir()
['__annotations__', '__builtins__', '__doc__', '__loader__', '__name__', '__package__',
'__spec__', 'x']
```

可以看到变量 x 已经占据了当前的名字空间的一个位置。

如果释放变量、函数、类等的名字空间，直接使用 del 加变量、函数、类模块名称。

【例 3.8】 del()函数案例。

清理、删除对象 x：

```
del x
>>> dir()
['__annotations__', '__builtins__', '__doc__', '__loader__', '__name__', '__package__',
'__spec__']
```

可以看到运行了 del x 命令后，x 所占据的名字空间已经释放。

【例 3.9】 定义一个函数后的名字空间。

```
>>> def s(length):
    x = 300
    y = 400
>>> dir()
['__annotations__', '__builtins__', '__doc__', '__loader__', '__name__', '__package__',
'__spec__', 's']
```

如图 3.6 所示，Python 有三个级别的名字空间，即局部、全局和内置名字空间。

（1）局部名字空间。Python 会把在函数内部声明的变量放置到局部名字空间，记录函数内部的变量、传入函数的参数、嵌套函数等被命名的对象。

（2）全局名字空间。Python 全局名字空间的变量其作用域为整个模块，记录模块 x 的变量、函数、类及其他导入的模块等被命名的对象。

图 3.6 Python 的名字空间及作用范围

（3）内置名字空间。记录 Python 自身提供的内置函数、模块等被命名的对象。

可以使用 globals()、locals()、vars()来查看全局、局部变量的使用情况。

【例 3.10】 查看变量的使用情况。

```
>>> globals()
{'__name__': '__main__', '__doc__': None, '__package__': None, '__loader__': < class '_frozen_
    importlib.BuiltinImporter'>, '__spec__': None, '__annotations__': {}, '__builtins__':
    < module 'builtins' (built - in)>, 'x': 100, 's': < function s at 0x0000000000445160 >}
>>> locals()
```

```
['__name__': '__main__', '__doc__': None, '__package__': None, '__loader__': <class '_frozen_
    _importlib.BuiltinImporter'>, '__spec__': None, '__annotations__': {}, '__builtins__':
    < module 'builtins' (built - in)>, 'x': 100, 's': < function s at 0x0000000000445160 >}
>>> vars()
{'__name__': '__main__', '__doc__': None, '__package__': None, '__loader__': < class '_frozen_
    importlib.BuiltinImporter'>, '__spec__': None, '__annotations__': {}, '__builtins__':
    < module 'builtins' (built - in)>, 'x': 100, 's': < function s at 0x0000000000445160 >}
```

在 Python 程序运行过程中,会有局部名字空间、全局名字空间和内建名字空间同时存在。Python 对变量、函数、类的使用是按照"局部名字空间"→"全局名字空间"→"内置名字空间"的顺序查找的。如果找到了就使用,如果找不到,将放弃查找并引发一个NameError 异常。

【例 3.11】 NameError 异常举例。

```
>>> aa
Traceback (most recent call last):
  File "< pyshell♯3 >", line 1, in < module >
    aa
NameError: name 'aa' is not defined
```

3.7　Python 的模块

一个 Python 源程序,如例 3.1 中的 c:\demo\demo.py,就是一个 Python 模块。如果要在其他程序中使用 demo.py 模块,首先要在环境变量 PYTHONPATH 中配置该模块的检索路径(见图 3.7)。

图 3.7　PYTHONPATH 的配置

然后,使用 import demo 命令,就可以使用 demo.py 模块中定义的函数、变量了。

【例 3.12】 导入模块。

```
>>> import demo
>>> dir()
['__annotations__', '__builtins__', '__doc__', '__loader__', '__name__', '__package__',
    '__spec__', 'demo']
```

【例 3.13】 查看 demo 名字空间。

```
>>> dir(demo)
['Info', '__builtins__', '__cached__', '__doc__', '__file__', '__loader__', '__name__',
    '__package__', '__spec__', 'datetime', 'hi', 't']
```

调用 demo 名字空间下的函数,必须在前面加名字空间名称。

【例3.14】 调用模块内函数示例。

```
>>> demo.hi('james')
'hello:james'
>>> demo.Info()
hello from Info
< demo.Info object at 0x0000000002CA3F10 >
>>>
```

提示：import demo 是将 demo.py 模块内的变量、函数导入 demo 名字空间下，使用时要加上 demo 名字空间名。

另一种导入方式是将 demo.py 模块内的变量、函数导入全局名字空间内。可以使用 from demo import * 语句直接调用函数名。

【例3.15】 使用第二种导入方式调用函数示例。

```
>>> from demo import *
>>> dir()
['Info', '__annotations__', '__builtins__', '__doc__', '__loader__', '__name__', '__package
    __', '__spec__', 'datetime', 'hi', 't']
>>> hi('james')
'hello:james'
```

提示：from demo import * 是将 demo 模块内的变量、函数或类等导入全局名字空间内，可以直接使用相关函数。

3.8 Python 的包

Python 中的包（Package）是组织、管理源代码的一种方式。包就是一个容器，用来存放其他模块和子包。如，一个大的 Python 项目可能由不同开发人员分工完成，使用包来组织代码、管理代码可以避免出现模块名、变量名、函数名、类名等重名的问题。

Python 的包使用树状目录结构组织模块（见图 3.8），将 Python 代码按照不同级别的目录存放，每个目录下面必须有个 __init__.py 文件（文件内容可以为空），代表该目录下的 Python 文件使用包进行管理。

可以简单地把包理解为按照不同级别的子目录来组织模块代码，每个目录下必须有一个 __init__.py 文件。包的本质就是一个含有 __init__.py 文件的文件夹。

图 3.8 Python 中树状目录结构

- 使用 Python 包中的模块语法是通过目录的级别的方式来引用模块（如 PackageA.PackageB）。
- PackageB、PackageC 目录下均有同名 m1.py、m2.py 模块。这可以通过包名和模块名来区别的。如：

```
import Package.APackageB.m1
import Package.APackageC.m1
```

提示：Python 会在 sys.path 指定的目录(环境变量 PYTHONPATH 所指定的目录)下搜索包的路径。

包中的模块和函数,可以通过两种导入方式使用。

(1) import 包的名字。

(2) from 包的名字 import 函数名。

Python 系统用 import 导入包,会创建一个包的名字空间,包的名字来自__init__.py。

3.9　本章小结

图 3.9　所示为本章知识要点一览图。本章主要介绍了 Python 源程序的结构,编码、标识符、注释、Python 关键字、几个常见的内置函数、Python 模块和包。

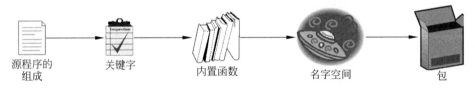

源程序的组成　关键字　内置函数　名字空间　包

图 3.9　本章知识要点一览图

扫码观看

3.10　习题

(1) 编写一个打印字符串变量 s="hello"的程序 h.py。

(2) 利用 Python 的包管理机制,将 h.py 放在 a.b 包下,并利用 import a.b.h,输出 s 的内容。

第 **4** 章

基本数据类型与运算符

本章主要介绍 Python 语言的基本数据类型与运算符。

本章的学习目标：

- 掌握 Python 基本数据类型 int、float、str、list、range、tuple、set、dict、bytes 和相关的函数，以及对应的运算符。
- 了解 Python 基本数据类型 complex、bytearray、memoryview、frozenset 和相关的函数，以及对应的运算符的使用。

4.1 Python 基本数据类型

Python 中内置有 6 大类标准的基本数据类型（见图 4.1），具体如下。

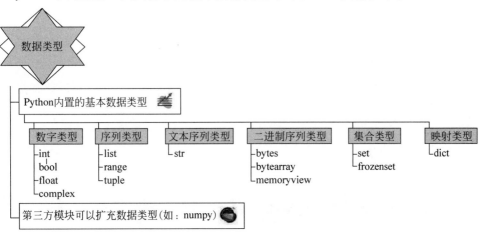

图 4.1 Python 内置的数据类型分类

（1）数字类型（int、float、complex、bool）；

（2）序列类型（list、range、tuple）；

（3）文本序列类型（str）；

（4）二进制序列类型（bytes、bytearray、memoryview）；

（5）集合类型（set、frozenset）；

（6）映射类型（dict）。

其中，有些数据类型的实例（对象）是可变的，有些是不可变的，这些对象分类如下。

- 可变对象：list、set、dict、bytearray。
- 不可变对象：int、float、complex、tuple、range、str、bytes、memoryview、frozenset。

关于如何区分对象是否是可变对象，本书的第5章将通过代码展示。

Python语言提供的所有数据类型都是类（Class），数据类型的实例称为对象（Object）。举个例子，int类型在Python中是一个类，a=8中，a就是一个int对象。a不但包含了整数数据（属性）8，而且还有操作该整数的函数（方法）。

提示：可以使用 >>> dir(int)查看 int 类的属性和方法。

如，代码a=8表示把整数8赋给a，系统会自动推断a为整型对象数据，可以直接使用与整型数据相关。操作函数.bit_length()，求出表达数字8所需要的二进制的位数。

【例4.1】 查看变量的相关信息。

```
>>> a = 8
>>> id(a)
8790330886016
>>> type(a)
< class 'int'>
>>> a.bit_length()
4
```

提示：Python 所有数据类型都是类，可以使用 dir(类型)查看其属性和方法。

4.2 数字类型

4.2.1 int、float 类型

如图4.2所示，Python语言内置的数字有int、float、complex三种不同的数据类型。注意，bool型是int型的子类，而不是独立的数据类型。complex为复数类型，由于使用的概率比较小，在此不做介绍，读者可以查看其帮助文档获取相关信息。

```
数字类型
├int：整型，其长度没有限制
│  └bool：布尔型，为整型的子类
├float：浮点型，CPython的浮点数通常使用C中的double来实现
└complex：复数型，有实部和虚部。如复数z的实部是z.real，虚部是z.imag
```

图 4.2 Python 中数字的数据类型

提示：整型和浮点型数据的信息（长度与表达范围）可以直接由如下代码获得。

【例4.2】 查看数字类型的相关信息。

```
>>> import sys
>>> sys.int_info
sys.int_info(bits_per_digit = 30, sizeof_digit = 4)
>>> sys.float_info
sys.float_info(max = 1.7976931348623157e + 308, max_exp = 1024, max_10_exp = 308, min =
    2.2250738585072014e − 308, min_exp = − 1021, min_10_exp = − 307, dig = 15, mant_dig =
    53, epsilon = 2.220446049250313e − 16, radix = 2, rounds = 1)
```

数字是通过赋值、运算符或内置函数创建的，使用时无须声明变量的类型。数字的表示方式有二进制（以0b开头的数字）、八进制（以0o开头的数字）、十进制、十六进制（以0x开头的数字）等。数字可以运行赋值运算、算术运算、比较运算、逻辑运算、位运算等。

【例4.3】 查看数字的各进制表示。

```
>>> number = 0xABF            ♯十六进制
>>> number
2751
>>> hex(100)                  ♯十六进制
'0x64'
>>> oct(100)                  ♯八进制
'0o144'
>>> bin(100)                  ♯二进制
'0b1100100'
```

4.2.2　相关运算符

1. 赋值运算符

赋值运算是Python最基本的运算。赋值运算是将等号右边的对象赋值给左边的变量。如a＝100。Python包含了以下9种赋值运算符（见表4.1）。

表 4.1　Python 赋值运算符

运算符	功能介绍	示　　例
＝	简单的赋值运算符	c＝a＋b 将 a＋b 的运算结果赋值为 c
＋＝	加法赋值运算符	c＋＝a 等价于 c＝c＋a
−＝	减法赋值运算符	c−＝a 等价于 c＝c−a
＊＝	乘法赋值运算符	c＊＝a 等价于 c＝c＊a
/＝	除法赋值运算符	c/＝a 等价于 c＝c/a
＊＊＝	幂赋值运算符	c＊＊＝a 等价于 c＝c＊＊a
%＝	取模（余数）赋值运算符	c%＝a 等价于 c＝c%a
//＝	取整除赋值运算符	c//＝a 等价于 c＝c//a
:＝	海象赋值运算符,是 Python 3.8 版本的新增运算符。可在表达式内部为变量赋值	if(n:＝len(a))>8: 　　　print(f"List is too long {n} elements")

与赋值运算的相反的操作是删除 del。如 del a。

提示：Python 语言中没有类似 C 或 Java 语言中的自增 i++和自减 i——运算符。

【例 4.4】 Python 语言赋值运算符代码示例。

```
>>> a = 12 赋值后 a = 12            >>> a += 8 赋值后 a = 20
>>> a -= 2 赋值后 a = 18            >>> a % = 8 赋值后 a = 4.5
>>> a * = 2 赋值后 a = 36           >>> a ** = 2 赋值后 a = 20.25
>>> a/ = 8 赋值后 a = 4.5           >>> a// = 8 赋值后 a = 2.0
```

2. 算术运算符

Python 的算术运算不仅仅局限于数字的运算操作。Python 语言支持对象对运算符的重载,所以如果相关类已经实现了运算符的重载,这些运算符可以应用对象之间的算术运算(见表 4.2)。

表 4.2　Python 算术运算符

运算符	功 能 介 绍	示　　例
+、-、*、/	分别完成两个对象加、减、乘、除	>>> 3+2 输出:5
%	取模。返回除法的余数	>>> 7%2 输出:1
//	取整除。向下取接近除数的整数	>>> 9//2 输出:4　　>>> -9//2 输出:-5
**	幂。返回 x 的 y 次幂	>>> 2 ** 3 输出:8

【例 4.5】 Python 语言对象算术运算符的代码示例。

```
>>> a,b = 'hello ','world'
>>> a + b
'hello world'
>>> (a + b) * 3
'hello world hello world hello world'
```

3. 比较(关系)运算符

Python 语言的比较(关系)运算符可以用于数字之间以及对象(关系运算符重载的类)之间的关系比较。一般用获得相关的逻辑关系控制程序流的运行(见表 4.3)。

表 4.3　Python 关系运算符

运算符	功 能 介 绍	示　　例
==	等于。比较对象是否相等	(a==b)返回 False
!=	不等于。比较两个对象是否不相等	(a!=b)返回 True
>	若大于,则返回1来表示真,与 True 等价。否则,返回0表示假,与 False 等价	(a>b)返回 False
<	若小于,则返回1表示真,与 True 等价。否则,返回0表示假,与 False 等价	(a<b)返回 True

续表

运算符	功 能 介 绍	示　　例
>=	若大于或等于,则返回 1 表示真,与 True 等价。否则,返回 0 表示假,与 False 等价	(a>=b)返回 False
<=	若小于或等于,则返回 1 表示真,与 True 等价。否则,返回 0 表示假,与 False 等价	(a<=b)返回 True

【例 4.6】　Python 语言对象比较运算符代码示例。

```
>>> s = "hello world"
>>> t = 'hello'
>>> s > t
True
```

4. 位运算符

位运算符只能针对数字进行操作。相关的运算有按位与、或、异或,以及按位取反或左移、右移等运算(见表 4.4)。

表 4.4　Python 位运算符

运算符	功 能 介 绍	示　　例
&	按位与运算符。参与运算的两个值如果两个相应位都为 1,则该位的结果为 1,否则为 0	(1&2)输出为 0
|	按位或运算符。只要对应的两个二进位有一个为 1,结果位就为 1	(1|2)输出为 3
^	按位异或运算符。当两个对应的二进位相异时,结果为 1	(1^3)输出为 2
~	按位取反运算符。对数据的每个二进制位取反,即把 1 变为 0,把 0 变为 1。~x 类似于−x−1	(~1)输出为−2
<<	左移动运算符。运算数的各二进制位全部左移若干位,由<<右边的数指定移动的位数,高位丢弃,低位补 0	1<<1 输出为 2
>>	右移动运算符。把>>左边的运算数的各二进制位全部右移若干位,>>右边的数指定移动的位数	3>>1 输出为 1

【例 4.7】　用异或实现数据的简单加密解密示例。

任何数据经过与等长的同一个密钥异或两次,就可以得到原来的数据。即(a^b)^b=a。

```
#简单异或加密演示,a 为原始数据
>>> a,b = 54321, 12306
#b=12306 为密钥,c 为加密后的数据
>>> c = a^b
>>> c
```

```
58403
#d 为解密后的数据
>>> d = c ^ b
>>> d
54321
#解密后的数据与原始数据相同
>>> d == a
True
```

4.2.3 bool 类型

布尔型数据(bool)是 int 型数据的子类。其取值只有 True 和 False 两种常量,True 和 False 都属于是数字类型。可以使用 isinstance()函数来验证。

【例 4.8】 判断子类关系。

```
>>> isinstance(True, int)
True
>>> issubclass(bool, int)
True
```

从上面代码运行结果也可以看出布尔型数据确实是 int 型数据的子类。函数 bool()可以接收任何对象作为参数,并返回布尔值(True 或 False)。

【例 4.9】 bool()函数示例。

```
>>> bool([])
False
>>> bool([''])
True
>>> bool('')
True
```

在默认情况下,一个对象的布尔值均被视为 True,若该对象所属类定义了__bool__()方法且返回 False,或定义了__len__()方法且返回 0,则该对象的布尔值返回 False。另外,下面几类数据的布尔值均为 False。

- 被定义为假值的常量:None 为 False。
- 空的序列和多项集:''、()、[]、{}、set()、range(0)为 False。
- 任何数值类型的 0: 0、0.0、0j、Decimal(0)、Fraction(0,1)为 False。

4.2.4 逻辑运算符

在 Python 语言中,布尔值 True 是指的任何非 0 的对象(可以是 int、float、str、list、set、dict 等任何对象),False 是指 0。这意味着参与逻辑运算的可以是任何对象。表 4.5 所示为 Python 的逻辑运算符。

表 4.5 Python 的逻辑运算符

运算符	功能介绍	示 例
and	如 x and y,进行布尔与运算。即如果 x、y 中有一个为 False 则返回为 False;如果 x、y 都为 True 则返回 True	>>> 10 and "ok"返回非 0 对象(通常是 and 之后那个非 0 的对象),True
or	如 x or y,进行布尔或运算。即如果 x、y 中有一个以上为 True 则返回为 True,否则返回 False	>>> 0 and −1 返回 0,False
not	not x,布尔非运算。如果 x 为 True,则返回 False;如果 x 为 False,则返回 True	>>> not 2 返回 0,False

【例 4.10】 逻辑运算符示例。

```
>>> True or 100
True
>>> False or 'this is a test'
'this is a test'
```

4.2.5 数学模块 math

Python 自带的 math 模块提供了常见的数学计算函数。math 模块提供的数学运算函数的使用方式非常简单,这里不再举例。可以使用 dir(math)查看模块的属性和方法。

【例 4.11】 查看数学模块的相关信息。

```
>>> import math
>>> dir(math)
['__doc__', '__loader__', '__name__', '__package__', '__spec__', 'acos', 'acosh', 'asin', 'asinh',
'atan', 'atan2', 'atanh', 'ceil', 'comb', 'copysign', 'cos', 'cosh', 'degrees', 'dist', 'e', 'erf',
'erfc', 'exp', 'expm1', 'fabs', 'factorial', 'floor', 'fmod', 'frexp', 'fsum', 'gamma', 'gcd',
'hypot', 'inf', 'isclose', 'isfinite', 'isinf', 'isnan', 'isqrt', 'ldexp', 'lgamma', 'log',
'log10', 'log1p', 'log2', 'modf', 'nan', 'perm', 'pi', 'pow', 'prod', 'radians', 'remainder', 'sin',
'sinh','sqrt', 'tan', 'tanh', 'tau', 'trunc']
>>> math.sin(90)
0.8939966636005579
```

详情可以参见 https://docs.python.org/zh-cn/3/library/math.html#module-math。

4.2.6 随机模块 random

在使用 Python 做数据分析、机器学习时,会大量使用随机数来初始化模型的权重。随机数可以使用 Python 自带的 random 模块生成一个 1~n 的随机数。随机数生成之前,可以设定随机数的种子(如果不设定,系统会使用默认的随机种子)。如果使用相同的随机种子,则每次生成的随机数都一样。

随机种子的设定使用 random.seed()。

【例 4.12】 设置随机数种子。

```
>>> import random
>>> random.seed(2020)
```

1. 生成随机浮点小数(0~1)

```
random.random()
```

返回一个 0~1 的随机浮点数。

【例 4.13】 随机产生一个 0~1 的浮点数。

```
>>> import random
>>> random.random()
0.6196692706606616
```

2. 生成某一区间内的随机整数

```
random.randint(start, stop)
```

返回一个随机整数 N,start≤N≤stop。

【例 4.14】 random.randint()示例。

```
>>> random.randint(0,100)
22
random.randrange(start,stop [,step])
```

返回一个在 start 与 stop 之间的整数,step 是序列随机数之间的跳跃间隔。

【例 4.15】 random.randrange()示例。

```
>>> random.randrange(0,100,5)
70
```

3. 生成随机浮点数(均匀分布)

```
random.uniform(start, stop)
```

返回一个随机浮点数 N,start≤N≤stop。

【例 4.16】 random.uniform()示例。

```
>>> random.uniform(0,100)
24.005927829164232
>>> random.uniform(100,0)
79.04149561395306
```

4. 随机生成一个或多个元素

(1) 在一个序列中,随机生成一个元素可以使用 random. choice(),如从 Python 关键字列表中,随机生成一个 Python 关键字。

【例 4.17】 random. choice()示例。

```
>>> import random
>>> import keyword
>>> random.choice(keyword.kwlist)
'pass'
```

(2) 在一个序列中,随机生成多个元素可以使用 random. choices(s,k)、random. sample(s,k),如从 Python 关键词列表中,随机生成 5 个 Python 关键字。

【例 4.18】 random. choices()示例。

```
>>> random.choices(keyword.kwlist,k = 5)
['finally', 'while', 'global', 'import', 'finally']
```

如模拟双色球,随机生成 6 个 1~33 的红色球数字。

```
>>> random.choices(range(1,33),k = 6)
[14, 20, 5, 16, 15, 4]
```

如模拟双色球,随机生成 1 个 1~16 的蓝色球数字。

```
>>> random.choices(range(1,16),k = 1)
```

4.2.7 数字类型的扩充

Python 仅内置了 int(含 bool 型数据)、float、complex 三种类型的数据类型。如果要高效地处理其他类型数字类型数据,可以使用其他库或模块来扩充。如 Python 的 Decimal 提供了对分数的处理,第三方库 NumPy(https://numpy. org/)提供了 int8、int16、int32、int64 等更多数字类型数据的处理。

4.3 序列类型

如图 4.3 所示,有三种基本序列类型:list、range 和 tuple。

```
序列类型
├─ list: 列表,可变序列,由[]包括的对象序列,序列内元素之间使用","分隔,如[1,2,'helllo']
├─ range: 整数序列,不可变序列.如range(start, stop, step)。如range(1,6,2)
└─ tuple: 元组,不可变序列,由()包括的对象序列,序列内之间元素使用","分隔,如(1,2,'helllo')
```

图 4.3 Python 中基本序列类型

4.3.1　序列相关共性

"序列"顾名思义是"有序的数列"。序列类型(list、range、tuple)、文本序列(str)、二进制序列(bytes、bytearray、memoryview)内的元素都是有序的,可索引、切片,有着几乎相同格式的运算符与函数。

1. 序列元素的索引

序列中的元素有两种索引方法(见图4.4),即:
- 正向为 0~n−1 索引;
- 逆向为 −1~−n 的位置索引。

【例4.19】　索引值示例。

```
>>> s = ['H','E','L','L','O']
>>> s[3]
'L'
>>> s[4]
'O'
>>> s[-4]
'E'
```

2. 序列中元素切片

如图4.5所示,所谓元素切片(Slice)是指在按照一定的位置信息获取序列内的元素的子集。

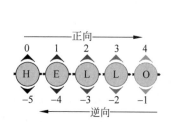

图4.4　元素正向、逆向索引位置

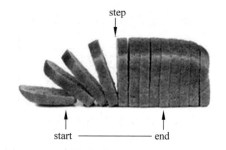

图4.5　元素切片 s[start:end:step] 示意图

语法:

s[start:end:step]

其中,start 为起始位置,end 为结束位置,step 为每隔 step 个元素,取子序列集。

切片可以应用于 list、range、tuple、str、bytes、bytearray、memoryview 等序列对象。

【例4.20】　元素切片演示代码。

```
>>> s = ['0', '1', '2', '3', '4', '5', '6', '7', '8', '9']
>>> s[0:9:2]
```

```
['0', '2', '4', '6', '8']
>>> s[ - 1: - 10: - 2]
['9', '7', '5', '3', '1']
```

如果 start＝0,end＝序列尾,间隔 step＝1,均可以简写为"：",如 s[::]。

```
>>> s = ['0', '1', '2', '3', '4', '5', '6', '7', '8', '9']
>>> s[0:10:1] == s[::]
>>> s[0:8:1] == s[:8:]
True
>>> s[0:10:2] == s[::2]
>>> s[ - 2::] == s[ - 2:10:1]
True
```

3. 序列相关的运算符、对象判别运算符

表 4.6 为 Python 对象判别运算符。其中,"is"与"＝＝"运算符有些类似,但是有很大区别。

(1)"＝＝"运算符仅比较两个对象的内容是否相等,即"＝＝"两边对象的"值"是否相等,如果相同,则返回 True。即"＝＝"比较一个条件：对象的内容。

(2)"is"比较的是两个实例对象是不是完全相同,它们是不是同一个对象,占用的内存地址是否相同。即"is"要同时满足对象的内容相同和内存中的地址相同。

表 4.6　对象判别运算符

运算符	功能介绍	示　　例
is	判断两个标识符是不是引用自一个对象	x is y,类似 id(x)＝＝id(y)。如果引用的是同一个对象则返回 True,否则返回 False
is not	判断两个标识符是不是引用自不同对象	x is not y,类似 id(a)!＝id(b)。如果引用的不是同一个对象则返回结果 True,否则返回 False

【例 4.21】　＝＝与 is 的区别代码示例。

```
>>> x, y = 10, 10
>>> id(x) == id(y)
True
>>> x == y
True
>>> x is y
True
>>> xx, yy = (1,2,3), (1,2,3)
>>> id(xx) == id(yy)
False
>>> xx == yy
True
>>> xx is yy
False
```

至于"=="与"is not"区别的实验代码设计,留给读者自行完成。

4. 序列相关的运算符、成员运算符

表 4.7 所示为 Python 的成员运算符,用来测试对象容器中包含某个成员,可以用于字符串、列表、集合、元组等。

表 4.7 Python 的成员运算符

运算符	功能介绍	示　　例
in	如果一个元素在指定的序列中,则返回 True。否则,返回 False	1 in(1,2,3)返回 True
not in	如果一个元素不在指定的序列中,则返回 True。否则,返回 False	1 in [2,3,4]返回 True

5. 序列相关的运算符优先级

Python 应用程序的源代码都是由标识符、运算符、程序控制流等组成的。当多个运算符组合应用时就需要按照运算符的优先级进行运算。Python 运算符的优先级如表 4.8所示。

表 4.8 Python 运算符的优先级

运算级别高低	运　算　符	描　　述
高	**	指数(最高优先级)
	~、+、-	按位翻转,一元加号和减号。如 a+=3
	* 、/、%、//	乘、除、求余数和取整除
	+、-	加法和减法
	>>、<<	右移、左移运算符
	&	按位与
	^、|	位运算符
	<=、<、>、>=	比较运算符
	==、!=	等于运算符
	=、%=、/=、//=、-=、+=、*=、**=	赋值运算符
	is、not	身份运算符
	in、not in	成员运算符
低	not、and、or	逻辑运算符

6. 常用的序列通用函数

序列(或容器)都具有相似的相关操作函数,这些函数有图 4.6 所示的序列通用操作函数(可变序列与不可变序列均有这些函数)与图 4.7 所示的可变序列通用操作函数(仅是可变序列才有这些函数)。这些函数可以分为增、删、改、查、获取新的序列(或子集)几类(见图 4.7)。也可以把序列理解为内存中的一种数据库。

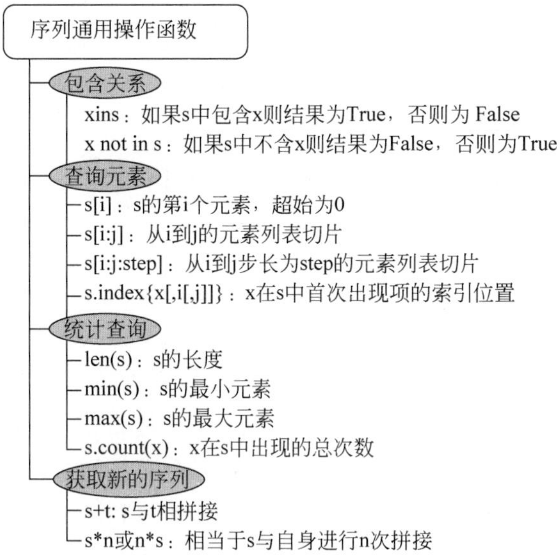

序列通用操作函数
- 包含关系
  - xins：如果s中包含x则结果为True，否则为 False
  - x not in s：如果s中不含x则结果为False，否则为True
- 查询元素
  - s[i]：s的第i个元素，超始为0
  - s[i:j]：从i到j的元素列表切片
  - s[i:j:step]：从i到j步长为step的元素列表切片
  - s.index{x[,i[,j]]}：x在s中首次出现项的索引位置
- 统计查询
  - len(s)：s的长度
  - min(s)：s的最小元素
  - max(s)：s的最大元素
  - s.count(x)：x在s中出现的总次数
- 获取新的序列
  - s+t: s与t相拼接
  - s*n或n*s：相当于s与自身进行n次拼接

图 4.6 序列通用操作函数

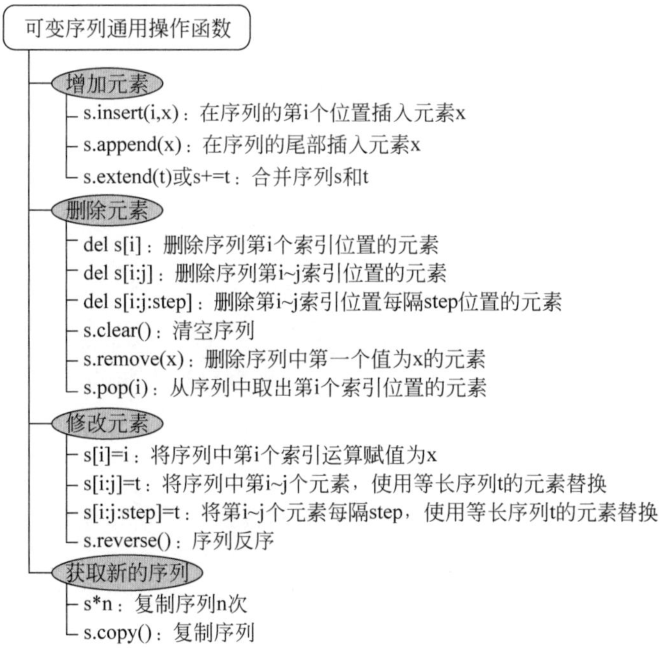

可变序列通用操作函数
- 增加元素
  - s.insert(i,x)：在序列的第i个位置插入元素x
  - s.append(x)：在序列的尾部插入元素x
  - s.extend(t)或s+=t：合并序列s和t
- 删除元素
  - del s[i]：删除序列第i个索引位置的元素
  - del s[i:j]：删除序列第i~j索引位置的元素
  - del s[i:j:step]：删除第i~j索引位置每隔step位置的元素
  - s.clear()：清空序列
  - s.remove(x)：删除序列中第一个值为x的元素
  - s.pop(i)：从序列中取出第i个索引位置的元素
- 修改元素
  - s[i]=i：将序列中第i个索引运算赋值为x
  - s[i:j]=t：将序列中第i~j个元素，使用等长序列t的元素替换
  - s[i:j:step]=t：将第i~j个元素每隔step，使用等长序列t的元素替换
  - s.reverse()：序列反序
- 获取新的序列
  - s*n：复制序列n次
  - s.copy()：复制序列

图 4.7 可变序列通用操作函数

4.3.2 list

list(列表)是一个基于位置的有序对象集合,它是可变序列,也是 Python 中最常用的数据结构之一。list 是在方括号([])之间、用逗号分隔开的元素对象序列。如['abc',12,True,[1,3],False]。list 数据类型的特点如下。

（1）有序。列表中的元素是有序的。其顺序是按照数据插入顺序。

（2）可变。列表中的元素可变。列表支持元素的动态增加、删除、修改。

（3）异构。列表中的元素是对象。元素的数据类型可以不同。

（4）可重复。列表中可以有重复的对象元素。

（5）可嵌套。列表支持嵌套(可包含子列表,或其他对象)。

列表类自带的函数已经实现了许多算法,可以快速创建链表、堆栈、队列、树等数据结构。

1. 列表的创建

可以用多种方式构建列表。

（1）使用一对方括号来表示空列表:[ ]。如 a=[ ]或者 a=list()。

（2）使用方括号包括列表元素,元素之间以逗号分隔。如 a=[1,2,3]。

（3）使用列表推导式:[x for x in iterable]。如 a=[i for i in range(1, 11)],可以创建一个元素分别为 1,2,…,10 的列表; a=[i for i in range(1, 11) if i % 2 == 0],可以创建一个 1~10 且元素为偶数的列表。

（4）使用类型的构造器:list()或 list(iterable)。用 list()函数将其他(可迭代)数据转换为列表。如:

```
list('ab c')    #列表为['a', 'b', ' ', 'c']
```

【例 4.22】 函数作为列表元素演示代码。

```
>>> a = [print,len]
>>> a[0]('hello world')
hello world
>>> a[1]('hello world')
11.
```

2. list 相关函数

list 为可变序列,除了图 4.6、图 4.7 列出的函数外,list 有以下常用的函数。

• sort(* , key=None, reverse=False)

功能:此方法会对列表进行原地排序。

• list(seq)

功能:将一个序列转换为列表。

【例 4.23】 列表函数演示代码。将一个列表中偶数位置的元素替换。

```
>>> a = list(range(6))
>>> a
[0, 1, 2, 3, 4, 5]
>>> a[::2] = [99,88,77]
```

```
>>> a
[99, 1, 88, 3, 77, 5]
>>> a.sort()
>>> a
[1, 3, 5, 77, 88, 99]
>>> a.reverse()
>>> a
[99, 88, 77, 5, 3, 1]
```

4.3.3 range

range 表示不可变的数字序列,可用于在 for 循环中循环指定的次数。

class range(stop)或 class range(start, stop[, step])返回 start 到 stop 按照 step 递增(或递减)的序列。

提示:要显示 range 内的元素,需要转换为 list、tuple 或 set 等。

【例 4.24】 range 演示代码。

```
>>> list(range(10))
[0, 1, 2, 3, 4, 5, 6, 7, 8, 9]
>>> list(range(1, 11))
[1, 2, 3, 4, 5, 6, 7, 8, 9, 10]
>>> list(range(0, 10, 3))
[0, 3, 6, 9]
>>> list(range(0, -10, -1))
[0, -1, -2, -3, -4, -5, -6, -7, -8, -9]
```

4.3.4 tuple

tuple(元组)类似于列表,也是一个基于位置的有序对象集合,不同的是 tuple 是不可变序列,一旦创建之后就不能更改,这样可以确保 tuple 在程序中不会被修改。tuple 是在圆括号之间、用逗号分隔开的元素序列。tuple 数据类型的特点如下。

(1) 有序。tuple 中的元素是有序的。其顺序是按照数据插入顺序。

(2) 不可变。tuple 中的元素不可变。

(3) 异构。tuple 中的元素是对象。数据类型可以不同,如数据、函数。

(4) 可重复。tuple 中可以有重复的对象元素。

(5) 可嵌套。tuple 支持嵌套(可包含子列表或其他对象)。

1. tuple 的创建

可以用多种方式构建元组。

(1) 使用一对圆括号来表示空元组。如()。

(2) 使用一个后缀的逗号来表示单元组。如 a,或(a,)。

(3) 使用以逗号分隔的多个项。如 a,b,cor(a,b,c)。

（4）使用 tuple()函数创建。

提示：若 tuple 中嵌套可变类型的序列元素,该元素仍然支持可变序列操作。

【例4.25】 tuple 演示代码。

```
>>> demo = ([1,2],3,4,5)
>>> len(demo)
4
>>> demo[0].append(99)
>>> demo
([1, 2, 99], 3, 4, 5)
```

2. tuple 相关常用的函数

元组为不可变序列,常用的函数见图4.6。

4.4　文本序列类型 str

Python 语言中的 str 对象为字符串。字符串是由字符编码构成的不可变序列,通常用来处理文本数据。现在大数据处理与分析、人工智能、自然语言处理的数据许多都是文本数据。熟练掌握字符串的处理是将来从事大数据、人工智能的基本功之一。

4.4.1　字符与编码

Python 中字符串是以 Unicode 编码的。也就是说,Python 的字符串支持多语言。对于单个字符的编码,Python 提供了 ord()函数获取字符的整数表示,chr()函数把编码转换为对应的字符。

【例4.26】 ord()与 chr()示例。

```
>>> ord('A')
65
>>> ord('中')
20013
>>> chr(66)
'B'
>>> chr(25991)
'文'
>>> '\u4e2d\u6587'
'中文'
```

4.4.2　字符串及相关函数

字符串的定义：单引号、双引号、三引号包括的文本序列。

（1）单引号：允许包含有双引号。若字符串中含有双引号,可用单引号包括。

（2）双引号：允许包含有单引号。若字符串中含有单引号,可用双引号包括。

（3）三重引号：三重单引号''' '''或三重双引号""" """。使用三重引号的字符串可以跨越多行,非常适合表达大量文字字符串。

字符串可以由赋值、函数、str(object)、input()、网络、外部文件输入等方式获得。同一行的多个字符串若中间有 n 个空格分隔,则多个字符串字面值会被隐式地转换为单个字符串,中间的空格分隔符被丢弃。如"hello " "world " 'china'字符串组合会自动转换为"hello world china"。

【例 4.27】 字符串是不可变序列的演示代码。

```
>>> s = 'hello'
>>> t = 'hello'
>>> s = s + 'world'
>>> s = 'hello'
>>> id(s)
47241776
>>> t = 'hello'
>>> s is t
True
>>> s = s + 'world'
>>> id(s)
47279280
>>> id(t)
47241776
>>>
```

字符串是不可变序列解释：

（1）在 Python 语言中如果定义一个字符串,如 s="hello",系统会在内存中检索有无已经存在的"hello",如果有,则直接将 s 指向"hello",如果没有,则开辟一个区域存放"hello"。这时,如果再定义一个 t="hello",系统发现内存有"hello"存在,则直接将 t 指向"hello"。

（2）如果运行 s=s+"world",得到 s="hello world",系统并不是在原先"hello"的内存地址将"hello"更新为"hello world",而是开辟另一个新的区域存放"hello world",然后将 s 指向"hello world",得到 s="hello world"。

（3）原先的"hello"仍然在内存中存在的(假若 t 仍然指向"hello"),如果在一定时间内,没有变量指向"hello",则"hello"将被系统清除,"hello"所占据的地址范围会被系统回收利用。

1. 字符串常见函数

字符串相关的功能函数非常丰富,这些函数对字符串操作会返回新的字符串或值,原有的字符串不受任何影响(字符串不可变),除了具有图 4.6 相关的函数外,常用的字符串函数如下。

- class str(object, encoding= 'utf-8', errors= 'strict')。

功能：返回 object 按照 utf-8 编码的字符串版本。

- str. count(sub[, start[, end]])。

功能：返回子字符串 sub 在 [start, end] 范围内非重叠出现的次数。

【例 4.28】　count()函数示例。

```
s = '道可道,非常道.名可名,非常名.'
sb = '道'
n = s.count(sb)
print(n)
str.encode(encoding = "utf - 8", errors = "strict")
```

- str. encode(encoding＝"utf-8", errors＝"strict")。

功能：把字符串按照格式编码,默认为"utf-8"。errors 默认为"strict"。一般编码用在网络传输时候防止不同平台下文本编码不同导致乱码。

- str. startswith(prefix[, start[, end]])。

功能：如果字符串以指定的 prefix 开始则返回 True,否则返回 False。prefix 也可以为多个供查找的前缀构成的元组。例如,可以用来识别字符串协议类型,如 http://、ftp:// 等。

- str. endswith(suffix[, start[, end]])。

功能：如果字符串以指定的 suffix 结束返回 True,否则返回 False。suffix 也可以为多个供查找的后缀构成的元组。可用来识别字符串文件类型的后缀名,如. docx、. mp4 等。

- str. find(sub[, start[, end]])。

功能：返回子字符串 sub 在 s[start:end]切片内被找到的最小索引。可选参数 start与 end 会被解读为切片表示法。如果 sub 未被找到则返回－1。

- str. split(sep＝None, maxsplit＝－1)。

功能：返回一个由字符串内单词组成的列表,使用 sep 作为分隔字符串。如 'hello'. split()返回 ['h','e','l','l','o']。

- str. strip([chars])。

功能：返回原字符串的副本,移除其中的前导和末尾字符。chars 参数为指定要移除字符的字符串。若 chars 省略或为 None,则 chars 参数默认移除空格符。实际上 chars参数并非指定单个前缀或后缀,而是会移除参数值的所有组合。

- str. replace(old, new[, count])。

功能：返回字符串的副本,其中出现的所有子字符串 old 都将被替换为 new。如果给出了可选参数 count,则只替换前 count 次出现。示例如例 4.29 所示。

【例 4.29】　字符串的 replace()函数示例。

```
s = '0423456489 元'.replace('4','四')
print(s)
s = '0423456489 元'.replace('4','四',1)
print(s)
```

运行结果：

```
0 四 23 四 56 四 89 元
0 四 23456489 元
```

- static str.maketrans(x[, y[, z]])。

功能：此静态方法返回一个可供 str.translate()使用的转换对照表。如果只有一个参数，则该参数必须是字典，字典的 key 长度必须是 1，value 的长度可任意。

如果有两个参数，则它们必须是两个长度相等的字符串，并且在结果字典中，x 中每个字符将被映射到 y 中相同位置的字符。如果有第三个参数，它必须是一个字符串，被转换的字符串中如果有与第三个字符串中对应的字符串，则这些字符串在翻译时被过滤掉（删除），映射到 None。

- str.translate(table)。

功能：返回原字符串的副本，其中每个字符按给定的转换表进行映射。

【例 4.30】 字符串内容替换（翻译）演示代码。

演示代码：

```
table = str.maketrans('0123456789 元', '零一二三四伍陆柒捌玖圆')
print(table)
```

运行结果：

```
{48: 38646, 49: 19968, 50: 20108, 51: 19977, 52: 22235, 53: 20237, 54: 38470, 55: 26578,
56: 25420, 57: 29590, 20803: 22278}
```

演示代码：

```
print('328989 元老王'.translate(table))
```

运行结果：

```
三二捌玖捌玖圆老王
```

演示代码：

```
table = str.maketrans( {'大':'宏伟的'})
print(table)
```

运行结果：

```
{22823: '宏伟的'}
```

演示代码：

```
print('条条大路'.translate(table))
```

运行结果:

条条宏伟的路

演示代码:

```
table = str.maketrans('0123456789 元', '零一二三四五陆柒捌玖圆','老王')
print(table)
```

运行结果:

{48: 38646, 49: 19968, 50: 20108, 51: 19977, 52: 22235, 53: 20237, 54: 38470, 55: 26578,
56: 25420, 57: 29590, 20803: 22278, 32769: None, 29579: None}

演示代码:

```
print('328989 大老王'.translate(table))
```

运行结果:

三二捌玖捌玖大

可以看到,通过构造不同的翻译对照字典,可以得到不同的字符串翻译结果。
提示:函数都可以按照运行顺序依次调用。如 s.strip().upper().replace()。
【例 4.31】 按照运行顺序依次调用示例。

```
book_info = 'The Three Musketeers: Alexandre Dumas'
formatted_book_info = book_info.strip().upper().replace(':',' by')
```

运行结果:

'THE THREE MUSKETEERS by ALEXANDRE DUMAS'

2. 字符序列(str)相关的 string 模块

Python 自带的 string 模块提供了常见的字符编码转换函数。
【例 4.32】 常见字符编码转换函数示例。

```
>>> import string
>>> string.ascii_letters
'abcdefghijklmnopqrstuvwxyzABCDEFGHIJKLMNOPQRSTUVWXYZ'
>>> string.punctuation
'!"#$%&\'()*+,-./:;<=>?@[\\]^_{|}~'
```

```
>>> string.digits
'0123456789'
```

【例4.33】 综合举例：n 位随机密码的生成。

```
import random
import string
def randomPassword(length = 10):
    """生成随机密码 """

    password_characters = string.ascii_letters + string.digits + string.punctuation
    return ''.join(random.choices(password_characters,k = length) )

print("使用字母、数字、特殊字符生成随机密码：")
print ("10 位密码：", randomPassword())
print ("8 位密码：", randomPassword(8) )
print ("15 位密码：", randomPassword(15) )
```

运行结果：

```
使用字母、数字、特殊字符生成随机密码：
10 位密码：Xx_~?|L%, +
8 位密码：7X~AgHzu
15 位密码：i[♯x']U－LIdW)vT
```

4.5 二进制序列类型

二进制序列类型包括 bytes、bytearray、memoryview 类型。Python 内置 bytes 和 byteearray,数据类型是可以直接实现二进制序列数据的存储与操作。bytes 与 bytearray 底层都由 memoryview 类提供支持,memoryview 使用缓冲区协议来访问其他二进制对象所在内存,不需要创建数据对象的副本。

4.5.1 bytes 类型

bytes 对象是由单个字节构成的不可变序列。bytes 对象提供了一些仅在处理 ASCII 兼容数据时可用,并且在许多特性上与字符串对象紧密相关的方法。

```
class bytes([source[, encoding[, errors]]])
```

返回一个新的 bytes 对象,是一个不可变序列,包含 $0 \leqslant x < 256$ 的整数。表示 bytes 字面值的语法与字符串字面值的大致相同,只是添加了一个 b 前缀。

（1）单引号：与字符串的单引号使用方法相同,只是前面添加 b 前缀,它允许嵌入双引号。

（2）双引号：与字符串的双引号使用方法相同，只是前面添加 b 前缀，它允许嵌入单引号。

（3）三重引号：与字符串的三引号使用方法相同，只是前面添加 b 前缀，它嵌入单引号、双引号。

bytes 的值和表示法是基于 ASCII 文本的，但 bytes 对象的行为实际上更像是不可变的整数序列，序列中的每个值的大小被限制为 $0 \leqslant x < 256$（否则将引发 ValueError）。如 a＝b'\x33\x44\x09'。

除了字面值形式，bytes 对象还可以通过以下方式来创建。

（1）用指定长度的以零值填充的 bytes 对象创建 bytes 对象。如 bytes(5) 得到 b'\x00\x00\x00\x00\x00'。

（2）用整数组成的可迭代对象创建 bytes 对象。如 bytes(range(5)) 得到 b'\x00\x01\x02\x03\x04'。

（3）通过缓冲区协议复制现有的二进制数据创建 bytes 对象。如 bytes(obj)。

bytes 对象是不可变的，其函数与 str 类的函数大部分相同，常用函数参见图 4.6。字符串与 bytes 可以实现互相转换。

4.5.2   bytearray 类型

bytearray 对象没有专属的字面值语法，通过调用构造器来创建。

（1）创建一个 bytearray 对象空的实例。如 bytearray()。

（2）创建一个指定长度的以零填充的 bytearray 对象实例。如 bytearray(3) 可以得到 bytearray(b'\x00\x00\x00')。

（3）通过由整数组成的可迭代对象，创建一个 bytearray 对象实例。如 bytearray(range(3)) 可以得到 bytearray(b'\x00\x01\x02')。

（4）通过缓冲区协议复制现有的二进制数据使用对象创建 bytearray 对象。如 bytearray(b'Hi!')。

【例 4.34】 bytearray() 函数使用示例。

```
>>> bytearray('hello', encoding = 'utf - 8')
bytearray(b'hello')
>>> bytearray('中国', encoding = 'utf - 8')
bytearray(b'\xe4\xb8\xad\xe5\x9b\xbd')
>>> bytearray('中国', encoding = 'utf - 8').decode('utf - 8')
'中国'
```

bytearray 对象是可变的，相关函数参见图 4.6 和图 4.7。该对象除了 bytes 和 bytearray 操作中所描述的 bytes 和 bytearray 共有操作之外，还支持可变序列操作。

常用的函数有：

- bytes.decode(encoding＝"utf-8", errors＝"strict")。
- bytearray.decode(encoding＝"utf-8", errors＝"strict")。

功能：返回从给定 bytes 解码出来的字符串。

其他大部分函数与 str 类的函数类似,参见 https://docs.python.org/zh-cn/3/library/stdtypes.html#bytearray。

【例 4.35】 几种类型的相互转换。

```
>>> a = bytes('hello 你好', encoding = 'utf - 8')
>>> a
b'hello \xe4\xbd\xa0\xe5\xa5\xbd'
```

或者:

```
>>> astr = 'hello 你好'.encode(encoding = 'utf - 8')
>>> astr
b'hello \xe4\xbd\xa0\xe5\xa5\xbd'
```

(1) bytes 转换为 str。

```
>>> bytes.decode(a)    # 或 bytes.decode(astr)
'hello 你好'
```

(2) str 转换为 bytearray。

```
>>> aa = bytearray('hello 你好 ', encoding = 'utf - 8')
bytearray(b'hello\xe4\xbd\xa0\xe5\xa5\xbd ')
```

(3) bytearray 转换为 str。

```
>>> bytearray.decode(aa)
'hello 你好 '
```

4.5.3　memoryview 类型

memoryview 对象允许 Python 代码访问一个对象的内部数据,只要该对象支持缓冲区协议。

- class memoryview(obj):支持缓冲区协议的内置对象,包括 bytes 和 bytearray。
- tobytes(order=None):将缓冲区中的数据作为字节串返回。这相当于在内存视图上调用 bytes 构造器。

【例 4.36】 tobytes()函数示例。

```
>>> m = memoryview(b"hello")
>>> m.tobytes()
b'hello'
```

- hex([sep[, bytes_per_sep]]):返回一个字符串对象,其中分别以两个十六进制数码表示缓冲区中的每个字节。

【**例 4.37**】 hex()函数示例。

```
>>> m = memoryview(b"hello")
>>> m.hex()
'68656c6c6f'
```

• tolist()：将缓冲区内的数据以一个元素列表的形式返回。

【**例 4.38**】 tolist()函数示例。

```
>>> memoryview(b'hello').tolist()
[104, 101, 108, 108, 111]
```

• toreadonly()：返回 memoryview 对象的只读版本。原始的 memoryview 对象不会被改变。

【**例 4.39**】 使用 memoryview()演示对 bytes 对象字节的访问。

```
>>> a = 'hello 你好'.encode('utf - 8')
>>> a
b'hello \xe4\xbd\xa0\xe5\xa5\xbd'
>>> v = memoryview(a)
>>> v[0]
104
>>> v[ - 1]
189
>>> v.tolist()
[104, 101, 108, 108, 111, 32, 228, 189, 160, 229, 165, 189]
```

4.6 集合类型

• class set([iterable])。

Python 中的 set 与 frozenset 类似于数学中的集合概念,它是一组无序、无重复元素数据的组合,也就是说"集合内部元素无序、不允许有重复的元素"。

(1) set 是在大括号({})之间、用逗号分隔开的元素集,集合中的元素类型也可以不相同,但是不能重复。

(2) frozenset 与 set 类似,但其内部元素不能改变。

set 与 frozenset 常见的运算有成员检测、集合运算(如交集、并集、差集与对称差集)等。

提示：创建一个空集合用 set()而不用{}。因为{}用来创建一个空字典。

某种程度上可以把集合看作是没有值的字典 dict。

常用函数：

• class frozenset([iterable])。

set、frozenset 集合常用的函数可以分为关系测试运算、集合交集、并集、差集、异或集

（见图 4.8）。set 集合内的元素对象是可以变的，如果想构造一个集合内元素不能改变的，可以用 frozenset 类。参见 https：//docs. python. org/zh-cn/3/library/stdtypes. html ♯ set-types-set-frozenset。

图 4.8 集合相关的运算函数

【例 4.40】 使用随机函数与集合运算，模拟福利彩票双色球，随机生成 6 个红色球和一个蓝色球，进行投注与检查是否中奖。

```
>>> import random
>>> redBall = list(range(1,34))
>>> blueBall = list(range(1,17))
>>> random.shuffle(redBall)
>>> redBall
[5, 2, 26, 14, 29, 31, 8, 33, 9, 32, 30, 10, 7, 15, 16, 17, 25, 22, 18, 13, 1, 12, 4, 3, 11,
    28, 19, 6, 21, 27, 20, 23, 24]
>>> random.shuffle(blueBall)
>>> blueBall
[9, 10, 4, 8, 6, 11, 1, 7, 13, 2, 15, 3, 14, 5, 12, 16]
♯投注红色球6个数字
>>> myRedBallChoice = random.choices(redBall,k = 6)
>>> myRedBallChoice
[4, 28, 8, 15, 18, 20]
♯投注篮色球1个数字
>>> myBlueBallChoice = random.choices(blueBall,k = 1)
>>> myBlueBallChoice
[11]
♯开奖6个红球数字
>>> kjRedBallChoice = random.choices(redBall,k = 6)
♯开奖1个蓝色球数字
```

```
>>> kjBlueBallChoice = random.choices(blueBall, k = 1)
# 检查红球、篮球中奖情况(利用集合求交集)
>>> judgeRedBall = set(myRcdBallChoice)&set(kjRedBallChoice)
>>> judgeBlueBall = set(myBlueBallChoice)&set(kjBlueBallChoice)
>>>
>>> judgeRedBall
{4}
>>> len(judgeRedBall)
1
>>> judgeBlueBall
set()
>>> len(judgeBlueBall)
0
```

4.7　映射类型

映射类型(也称字典类型或字典,dict)是在大括号之间、用逗号分隔开的键与值对(key:value)的元素集。字典强调的是"键值对",即 key 与 value 一一对应,字典中的存放数据顺序并不重要,重要的是"键"和"值"的对应关系。键必须使用不可变类型,同一个字典中键必须是唯一的。

4.7.1　字典的创建

(1) 字典可以通过将以逗号分隔的键值对列表包含于大括号之内来创建。例如{'a':40,'s':27}。

(2) 用构造器来创建。

- class dict(** kwarg)。
- class dict(mapping, ** kwarg)。
- class dict(iterable, ** kwarg)。

【例 4.41】　dict()函数示例。

```
>>> a = dict(one = 11, two = 22, three = 33)
>>> b = {'one': 11, 'two': 22, 'three': 33}
>>> c = dict(zip(['one', 'two', 'three'], [11, 22,33]))
>>> d = dict([('two', 22), ('one', 11), ('three', 33)])
>>> e = dict({'three': 33, 'one': 11, 'two': 22})
```

4.7.2　字典常见的函数

字典相关的函数功能很多,大部分属于容器通用功能函数,可以参见图 4.6 和图 4.7。可以把字典看作一个内存的"数据库",将字典常用的函数按照数据库相关的增、删、改、查等分类如下(以变量名为 d 的字典为例)。

1. 增加元素

d[key]=value：将 d[key]设为 value,如果 d 中原先没有 key,则将增加 key:value 键值对元素。如果 d 中原先有 key,则将其值修改为 value。

2. 删除元素

- del d[key]：将 d[key]从 d 中移除。如果映射中不存在 key 则会引发 KeyError。
- pop(key[,default])：如果字典中存在 key 则将其移除并返回其值,否则返回 default。若 default 未给出且 key 不存在于字典中,则会引发 KeyError。
- popitem()：按 LIFO 的顺序从字典中移除并返回一个键值对。如果字典为空,调用 popitem()函数时,将引发 KeyError。
- clear()：清空字典中的所有元素。

3. 修改元素

- setdefault(key[,default])：若存在键 key,则返回对应的 value。否则,增加为 key:default 键值对。
- update([other])：使用来自 other 的键值对更新字典,覆盖原有的键。如 d.update(red=1,blue=2)。

4. 查询操作

- key in d：如果字典 d 中存在键为 key 的元素则返回 True,否则返回 False。
- key not in d：如果字典 d 中不存在键为 key 的元素则返回 True,否则返回 False。
- d[key]：返回字典 d 中以 key 为键的项。如果映射中不存在 key 则会引发 KeyError。
- get(key[,default])：如果 key 存在于字典 d 中则返回 key 的值,否则返回 default。

5. 键与值相关函数

- keys()：返回由字典键组成的一个新视图。
- list(d)：返回字典 d 中使用的所有键的列表。
- values()：返回由字典值组成的一个新视图。
- items()：返回由字典项(键值对)组成的一个新视图。
- len(d)：返回字典 d 中的元素个数。
- copy()：返回原字典的浅复制。

6. 返回迭代器

- iter(d)：返回以字典的键为元素的迭代器。这是 iter(d.keys())的快捷方式。
- reversed(d)：返回一个逆序获取字典键的迭代器。这是 reversed(d.keys())的快捷方式。

【例 4.42】 字典相关的函数示例。

```
>>> s1,s2 = 'hello','world'
>>> d1 = dict(zip(range(len(s1)),list(s1)))
>>> d2 = dict(zip(range(len(s2)),list(s2)))
>>> d1
{0: 'h', 1: 'e', 2: 'l', 3: 'l', 4: 'o'}
>>> d2
{0: 'w', 1: 'o', 2: 'r', 3: 'l', 4: 'd'}
>>> d1.update(d2)
>>> d1
{0: 'w', 1: 'o', 2: 'r', 3: 'l', 4: 'd'}
```

字典的合并示例:

```
currentEmployee = {1: 'a', 2: "b", 3:"c"}
formerEmployee  = {2: 'd', 4: "e"}
>>> { ** currentEmployee, ** formerEmployee}
{1: 'a', 2: 'd', 3: 'c', 4: 'e'}
```

由 key 创建字典示例:

```
employees = ['a', 'b', 'c']
defaults = 'Python Developer'
resDict = dict.fromkeys(employees, defaults)
print(resDict)
```

【例 4.43】 集合与字典综合应用示例。实现两个字典对应 key 的值相加,不同 key 值保留。

```
d1 = dict(a = 1,b = 3,c = 4)
d2 = dict(a = 3,b = 9,e = 33,f = 100)
keySet = d1.keys()|d2.keys()
dic = dict()
for key in keySet:
        dic[key] = d1.get(key,0) + d2.get(key,0)
print(dic)
```

运行结果:

```
{'a': 4, 'e': 33, 'f': 100, 'b': 12, 'c': 4}
```

【例 4.44】 字典的 key 改名。

```
>>> dict = { 'a':1, 'b':2}
>>> dict["c"] = dict.pop("a")
>>> dict
{'b': 2, 'c': 1}
```

4.7.3　zip()函数

zip()函数使用以上两个可迭代对象作为参数,它将两个或两个以上可迭代对象中对应的元素打包成一一对应的元组,然后返回由这些元组组成的一个 zip 对象,如果各个迭代器的元素个数不一致,则返回与最少元素的可迭代对象长度。可以使用 list、set、tuple、dict 进一步将 zip()返回对象转换为对应的数据类型。

语法:

```
zip([iterable1, iterable2, … ])
```

＊号操作符与 zip 相反,可以将元组解压为列表。

示例代码:

```
list(zip('hello','world'))
[('h', 'w'), ('e', 'o'), ('l', 'r'), ('l', 'l'), ('o', 'd')]
```

【例 4.45】　zip()函数代码示例。

```
a = [1,2,3,4,5,6]
b = ('hello', 'good', 'china', 'shanghai')
c = {'aa', 'bb', 'cc'}
d = zip(a,b,c,e)
print(tuple(d))
d = zip(a,b)
print(dict(d))
d = zip(a,b,c)
print(set(d))
d = zip(a,b,c)
print(tuple(d))
d = zip(a,b,c)
print(list(d))
```

运行结果:

```
((1, 'hello', 'aa', 'h'), (2, 'good', 'cc', 'e'), (3, 'china', 'bb', 'l'))
{1: 'hello', 2: 'good', 3: 'china', 4: 'shanghai'}
{(1, 'hello', 'aa'), (3, 'china', 'bb'), (2, 'good', 'cc')}
((1, 'hello', 'aa'), (2, 'good', 'cc'), (3, 'china', 'bb'))
[(1, 'hello', 'aa'), (2, 'good', 'cc'), (3, 'china', 'bb')]
```

说明:

(1) zip()函数将两个或两个以上的可迭代对象合并成一个 zip 类型的对象。

(2) list、set、tuple、dict 将该 zip 对象转换为对应的数据类型。

(3) zip 对象被转换后,zip 内容自动清空。这也是上述代码增加了 n 行 d＝zip(a,b,c)的原因。

(4) 如果要转换为 dict 对象,zip()函数只能接收两个可迭代对象。

4.8 collections 模块

4.8.1 namedtuple

nametuple 与 tuple 类型同源,它是带有名称的 tuple,可以根据名称访问元素,其示例如下。

【例4.46】 namedtuple()示例。

```
>>> from collections import namedtuple
>>> Point = namedtuple('Point', ['x', 'y'])
>>> p = Point(3, 4)
>>> p.x
3
>>> p.y
4
```

4.8.2 deque

deque 是双向队列数据结构,可以高效实现插入和删除操作的双向列表,适合用于队列和栈相关算法。

【例4.47】 deque()示例。

```
>>> from collections import deque
>>> q = deque(['a1', 'b2', 'c3'])
>>> q.append('x')
>>> q.appendleft('y')
>>> q
deque(['y', 'a1', 'b2', 'c3', 'x'])
```

deque 除了实现 list 的 append()和 pop()外,还支持 appendleft()和 popleft(),这样就可以非常高效地往头部添加或删除元素。

4.8.3 Counter

Counter 是一个的计数器函数,可以统计序列内元素出现的个数,返回元素频率字典。

【例4.48】 Counter()示例。

```
>>> import collections
>>> a = collections.Counter('I have a dream')
>>> a
Counter({' ': 3, 'a': 3, 'e': 2, 'I': 1, 'h': 1, 'v': 1, 'd': 1, 'r': 1, 'm': 1})
>>> a.update('you have another dream')
>>> a
Counter({' ': 6, 'a': 6, 'e': 5, 'h': 3, 'r': 3, 'v': 2, 'd': 2, 'm': 2, 'o': 2, 'I': 1, 'y': 1,
'u': 1, 'n': 1, 't': 1})
```

4.9　itertools 模块

itertools 模块提供了非常有用的基于迭代对象的函数 chain(),chain()函数可以串联多个迭代对象来形成一个更大的迭代对象。

【例 4.49】　itertools 示例。

```
>>> from itertools import chain
>>> a = [1, 2]
>>> b = ['x']
>>> for x in chain(a, b):
... print(x)
1
2
x
```

4.10　本章小结

本章介绍了 Python 基本的数据类型以及相关运算符、序列(含容器)数据类型的分类(见表 4.9),以及常见的 collection 和 itertool 模块中与序列(含容器)相关函数的使用。

表 4.9　对象类型对比表

类型	名称	是否可变	说　明	示　例
list	列表	是	由[]包括的对象序列	[1,2,'helllo',True]
range	序列	否	整数序列	range(start,end,step)
tuple	元组	否	由()包括的对象序列	(1,2,'helllo'),(1,)仅有一个元素
str	字符串	否	由' '、" "、''' '''包括的字符序列	'hello'
bytes	字节序列	否	由 b' '、b" "、b''' '''组成,字符串前加 b	b 'hello', b'\xf0\xf1\xf2'
bytearray	字节数组	是	通过构造函数创建	调用构造器来创建。如 bytearray(10)
memoryview	内存视图	否	通过构造函数创建	调用构造器来创建。如 memoryview(b'ab')
set	集合	是	由{}包括的对象序列	{1,2,'helllo'},空集合由 set()创建
frozenset	冻封集合	否	通过构造函数创建	frozenset({'l', 'h', 'e', 'o'})
dict	字典	是	由{}包括的对象(key:value)序列	{1:'ok',2:'helllo'},{}表示字典为空

4.11　习题

扫码观看

（1）数据加密与解密。给定一个 5 位数字，如 12345，试设计一种加密方法，将数字加密、解密（提示：可以采用数字的异或操作）。

（2）生成假名字。有两个序列：一个是姓氏序列（如赵钱孙李周吴郑王）；另一个是名序列（如玉媛德华建刚山一）。在第一表中随机取一个姓氏，在第二个表中随机取一两个字，然后将取出的字组成一个名字，生成假名字。将生成的 3 个假名字放入一个列表中。

（3）随机生成 0～100 的 3 个浮点数作为考试成绩。将（2）生成的假名字与这些生成的浮点数生成一个字典 k，v 为名字，成绩。

第 5 章

程序流控制与异常处理

本章主要介绍程序流的逻辑控制,以及程序流发生异常的处理方法。

本章的学习目标:

- 掌握 if、while、for 程序流控制流程;
- 掌握异常的捕获 try…except…finally 的使用。

5.1 Python 程序控制流

Python 源程序代码是根据一定的逻辑条件运行的程序流,程序流包括顺序语句、条件语句和循环语句。顺序语句按照源程序代码的先后顺序,从上到下依次运行每一条程序语句。顺序结构是程序的最基本结构(见图 5.1)。

$$开始 \rightarrow 程序代码A \rightarrow 程序代码B \rightarrow 程序代码C \rightarrow 结束$$

图 5.1 顺序结构

条件语句(if)和循环语句(while、for)是根据一定的逻辑条件(True 或者 False)来选择后续运行的代码块。

提示:Python 无 switch 或 case 语句。因为按照 Python 之"禅(Zen)"宗旨,该语句属于多余。

5.2 if 条件语句

Python 语言中 if 条件语句是最基本的逻辑判断程序流控制语句。语句的关键词为 if…elif…else,关键字 elif 是 else if 的缩写。其格式为:

```
if   C1:
     程序代码 1
elif C2:
     程序代码 2
else:
     程序代码 3
```

if 条件语句的语法说明:

(1) if 条件后面用冒号":"表示满足条件后要运行的语句块。

(2) if 条件语句可以有 0～n(任意)个 elif,而不用 else if。

(3) if 条件语句结束可以有 0～1 个 else 语句。

(4) if 语句可以嵌套,使用缩进空格数来区分嵌套语句块。

if 条件语句的程序流程图如图 5.2 所示。

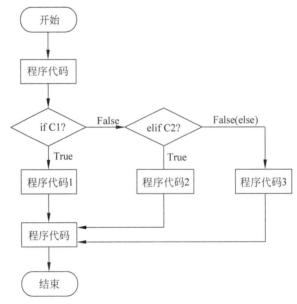

图 5.2　if 条件语句的程序流程图

图 5.2 中的 if 条件语句程序运行流程如下:

(1) 如果 C1 为 True,将运行"程序代码 1"块语句。

(2) 如果 C1 为 False,将判断 C2。

(3) 如果 C2 为 True,将运行"程序代码 2"块语句。

(4) 如果 C2 为 False(else),将运行"程序代码 3"块语句。

【例 5.1】　输入 0～100 任意成绩数据,通过 if 条件语句判断成绩的等级。

```
num = int(input('请输入分数: '))
if   0 <= num < 60:      # 判断值是否在 0～60
     print ('挂科!')
elif 60 <= num < 70:     # 判断值是否在 60～70
```

```
    print ('及格')
elif 70 <= num < 80:                    ♯ 判断值是否在 70~80
    print ('中')
elif 80 <= num < 90:                    ♯ 判断值是否在 80~90
    print ('良好')
elif 80 <= num <= 100:                  ♯ 判断值是否在 90~100
    print ('优秀')
else:
    print ('输入有误!')
```

提示：程序如果只需要条件赋值，可以用 if 的简写形式。

如果字符串 s 的长度大于 4，把 s 赋值给 b，否则输出'too short'。

```
s = input('请输入一个长度大于 4 的字符串: ')
b = s if len(s)>4 else 'too short'
```

如果 a 等于 10，输出'等于 10'，否则输出'不等于 10'。

```
a = 23
print('等于 10') if a == 10 else print('不等于 10')
```

5.3　Python 循环语句

Python 语言中有两种类型的循环语句，即 while 循环语句和 for 循环语句。

提示：Python 无 do…while 循环语句。因为按照 Python 之"禅（Zen）"，它属于多余的。

5.3.1　while 循环语句

运行 while 循环语句，程序先判断循环条件，如果条件满足，则进入再循环。

while 循环语句的语法说明：

（1）while 循环语句后面用冒号":"表示满足条件后要运行的语句块。

（2）while 循环语句可以嵌套，使用缩进空格数来区分嵌套语句块。

（3）while 循环语句可以有 else(很少用)语句。

【例 5.2】　while 循环语句示例。

```
♯ 用 while 循环语句,必须有一个控制逻辑条件
count = 0
while count < 3:
    ♯ 循环就是重复运行循环体里面的代码
    print(f'Round.{count} test!')
    count += 1
```

运行结果：

```
Round.0 test!
Round.1 test!
Round.2 test!
```

5.3.2 for…in 循环语句

Python 中的 for…in 语句是另一种循环语句，该语句必须有一个可迭代(iterates)的对象才能循环。它会遍历序列(可迭代对象)中的每一个元素。

提示：Python 的 for 语句是遍历任何可迭代的对象，如 list、set 等，而不是仅用来控制循环次数或循环条件，这与 C 和 Java 语言中的 for 语句有本质不同。

```
a = ['hello', 'world']
for i in range(len(a)):
    print(i, a[i])
```

运行结果：

```
0 hello
1 world
```

while 和 for 循环语句可以包含 else 子句(虽然使用概率很低)，即结束 while 或 for 循环后运行的语句。

【**例 5.3**】 for 循环代码示例。

```
'''
for 迭代对象 in 序列:
    代码块(一行语句或多行代码)
else:
    代码块(一行语句或多行代码)
'''
while 条件:
else:
    代码块(一行语句或多行代码)
'''
```

示例代码：

```
sites = ["Youtub", "Google","Baidu","Taobao"]
for site in sites:
    if site == "sohu":
        break
    print("get " + site)
```

```
else:
    print("没有循环数据!")
print("完成循环!")
```

5.3.3 break、continue、pass 语句

break 语句与 Java 和 C 语言的 break 控制语句一样。即程序运行到 break 语句,中断循环、跳出 break 所在的最里层的循环体。

continue 语句与 Java 和 C 语言的 continue 控制语句一样。即程序运行到 continue,不再向下运行,直接再进入下一次循环。

关于 continue 和 break 语句的区别(见图 5.3),可以举一个通俗的例子场景来表达。

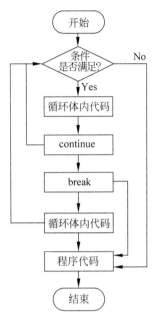

图 5.3 循环与 continue、break 控制语句

- 使用 continue 语句的场景:甲乙两人计划准备下 5 局象棋,两人在下到第 3 局中途时,乙看到本局败势已定,但乙并不服输,于是放弃第 3 局,而接着比赛下面第 4、5 局,这时使用 continue 语句。
- 使用 break 语句的场景:甲乙两人计划下 5 局象棋,两人在下到第 3 局中途,乙看到败局已定,丧失了信心,直接放弃所有比赛,退出比赛,这时使用 break 语句。

【例 5.4】 continue 语句代码示例。

```
# continue 语句,跳过循环
a = '2123456'
for letter in a:
    if letter == '2':
        continue
    print(letter)
# 运行结果: 1 3 4 5 6
```

break 语句用来终止循环语句,即循环条件没有 False 条件或者序列还没被完全递归完,也会停止运行循环语句。

【例 5.5】 break 语句代码示例。

```
# break 语句,跳出循环
b = '1234567'
for sam in b:
    if sam == '2':
        break
    print(sam)
# 运行结果: 1
```

pass 语句是空语句,不运行任何操作。通常在开发程序的原型或调试程序时,用它来占位,将来用代码替换掉 pass 语句。如:

```
while 条件:
    pass
```

5.4　异常

异常是一种事件,它有可能在程序运行过程中发生,会改变程序的正常运行。Python 程序运行时,可能涉及输入输出、数学运算,以及对文件和网络资源的访问等。有时程序运行时,会遇到算术运算除数为 0、无权访问文件、网络连接中断等问题,程序会引发异常。必须在程序中捕获、处理这些异常,才能确保程序正确运行。

【例 5.6】　异常代码示例。

```
num = input('please input the number?')
for i in range(int(num)):
    print(i)
```

上述程序在运行时,如果用户输入的是数字字符串,则可以得到正确结果,如果输入的是非数字,则程序会引发异常。

```
please input the number?ok
ValueError: invalid literal for int() with base 10: 'ok'
```

5.4.1　异常的处理

异常处理是通过使用 try…except…finally 语句来捕获、处理异常实现的。其语法为:

```
try:
    <语句>             ♯ 运行的代码
except <名字>:
    <语句>             ♯ 如果在 try 代码块中,引发了'名字'异常
except <名字> as <数据>:
    <语句>             ♯ 如果引发了'名字'异常,获得附加的数据
finally:
    <语句>             ♯ 有没有异常,始终运行
```

1. 程序流程

(1) 运行 try 语句后,Python 也在当前程序的上下文中做标记,这样当异常出现时就可以回到这里。如果运行 try 语句没有发生异常,则程序直接跳转到 finally 语句位置。

（2）如果运行 try 后的语句发生异常，程序流就跳回到 try 语句，并运行第一个匹配该异常的 except 子句；若没有该异常匹配的 except 子句，该异常将被递交到上层的 try 语句，或者到程序的最上层（这样将结束程序，并打印默认的出错信息）。

（3）异常处理完毕，控制流就通过整个 try 语句（除非在处理异常时又引发新的异常）。finally：无论系统有无异常代码均运行。

2. 异常说明

（1）except 语句可以有多个，Python 会按 except 语句的顺序依次匹配出现的异常，如果异常已经处理就不会再进入后面的 except 语句。

（2）except 语句后面如果不指定异常类型，则默认捕获所有异常。可以通过 logging 或者 sys 模块获取当前异常。

（3）except 语句可选，finally 语句也可选，但是二者必须要有一个，否则 try 语句就没有意义了。

（4）except 语句可以以元组形式同时指定多个异常。

【例 5.7】 异常捕获与处理代码示例。

```
while True:
    try:
        num = input('please input the number?')
        for i in range(int(num)):
            print(i)
        break
    except ValueError:
        print("Oops!  That was no valid number.  Try again   ")
    finally:
        print('Whatever, I always run!')
```

运行结果：

```
please input the number?ss
Oops!  That was no valid number.  Try again
Whatever, I always run!

please input the number?3
0
1
2
Whatever, I always run!
```

异常的参数：

```
while True:
    try:
        num = input('please input the number?')
```

```
            for i in range(int(num)):
                print(i)
            break
        except ValueError as arg :
             print(arg.args)
        finally:
            print('Whatever, I always run!')
```

一个异常可以带上参数,可作为输出的异常信息参数。

```
please input the number?rr
("invalid literal for int() with base 10: 'rr'",)
Whatever, I always run!
please input the number?2
0
1
Whatever, I always run!
```

变量接收的异常值通常包含在异常的语句中,保持在一个元组中(如上述例子错误("invalid literal for int() with base 10: 'rr'",)参数是一个元组),变量可以接收一个或者多个值。元组通常包含错误字符串、错误数字和错误位置。

5.4.2 异常的抛出

Python 程序除了可以捕获异常外,还可以在代码中使用 raise 语句主动抛出异常。raise 语句的一般语法如下:

```
raise [Exception [, args [, traceback]]]
```

其中:

- Exception 是异常的类型(例如,NameError),args 是异常参数的值。
- 参数是可选的;如果没有提供,则异常参数为 None。
- 最后一个参数 traceback 也是可选的(在实践中很少使用),如果存在,则用于异常的追溯对象。

示例:

```
x = input('input x:')
if (int(x)< 5):
    raise   NameError('HiThere')
```

运行结果:

```
    raise   NameError('HiThere')
NameError: HiThere
```

raise 唯一的一个参数指定了要被抛出的异常。它必须是一个异常的实例或者是异常的类(也就是 Exception 的子类)。

【例 5.8】 raise 主动抛出异常代码示例。

```
try:
    x = input('input x:')
    if (int(x)<5):
        raise NameError('Hi There')
    print(x)
except NameError as arg:
    print(arg)
```

运行结果:

```
input x:4
HiThere
```

5.5 断言的用法

在开发一个程序时,与其让它运行时崩溃,不如在它出现错误条件时就崩溃(返回错误)。这时断言(assert)就显得非常有用。

assert 的语法格式:

assert expression

它的等价语句为:

```
if not expression:
    raise AssertionError
```

【例 5.9】 assert 代码示例。

```
>>> assert 1 == 1
>>> assert 1 == 0
Traceback (most recent call last):
  File "<pyshell#1>", line 1, in <module>
    assert 1 == 0
AssertionError
```

5.6 with 语句

with 语句上下文管理器是一个对象,它定义了在运行 with 语句时要建立的运行时上下文(资源),它处理进入和退出所需运行时上下文,并运行代码块。它是对普通的 try…except…finally 使用模式进行封装以方便地重用。

with 语句的语法为:

```
with expression [as target]
```

参数说明：

- expression：一个需要运行的表达式；
- target：一个变量或者元组，存储的是 expression 表达式运行返回的结果，它是可选参数。

相比 try…except…finally 语句，with 语句更加简洁。

【例 5.10】 使用 with 语句打开文本文件 c:/a.txt，并显示文件内容。

```
with open('c:/a.txt,encoding = 'utf - 8') as f :
    print(f.read())
```

5.7 综合案例

Python 中有些对象是可变的，有些对象是不可变的。可以用函数 hash(object)来判定对象是否可变，如果 hash(object)有返回值的是不可变。hash(object)抛出异常的是可变对象。以下针对 list、tuple、range、str、bytes、bytearry、memoryview、set、frozenset、dict 十类对象进行可变与不可变对象测试。

【例 5.11】 Python 中可变对象与不可变对象代码测试(通过代码自动判读对象是否可以改变)。

测试对象为：

```
a = [1,2,'hello']
b = set('hello')
c = dict(one = 11, two = 22, three = 33)
d = bytearray('hello',encoding = 'utf - 8')
e = (1,2,'hello')
f = range(1,6,2)
g = 'hello'
h = bytes('hello',encoding = 'utf - 8')
i = memoryview(b'hello')
j = frozenset('hello')
```

测试代码为：

```
test = [a,b,c,d,e,f,g,h,i,j]
for i in test:
    try:
        hash(i)
        print(f'{type(i)} 是不可变对象')
    except:
        print(f'{type(i)} 是可变对象')
```

图 5.4 所示对象种类与下述测试结果相符。

- < class 'list'>的实例是可变对象。
- < class 'set'>的实例是可变对象。
- < class 'dict'>的实例是可变对象。
- < class 'bytearray'>的实例是可变对象。
- < class 'tuple'>的实例是不可变对象。
- < class 'range'>的实例是不可变对象。
- < class 'str'>的实例是不可变对象。
- < class 'bytes'>的实例是不可变对象。
- < class 'memoryview'>的实例是不可变对象。
- < class 'frozenset'>的实例是不可变对象。

对象种类
- 可变
  - <class 'list'>的实例是可变对象
  - <class 'set'>的实例是可变对象
  - <class 'dict'>的实例是可变对象
  - <class 'bytearray'>的实例是可变对象
- 不可变
  - <class 'tuple'>的实例是不可变对象
  - <class 'range'>的实例是不可变对象
  - <class 'str'>的实例是不可变对象
  - <class 'bytes'>的实例是不可变对象
  - <class 'memoryview'>的实例是不可变对象
  - <class 'frozenset'>的实例是不可变对象

图 5.4　对象种类

5.8　本章小结

通过本章的学习,可以掌握 if、while、for 语句对程序流的控制,掌握程序发生异常的处理方法。

5.9　习题

(1) 已知上海地铁 1、2 号线(为了简化问题,只考虑这两条线路)两条地铁站线路各站点名称(可以到 http://service.shmetro.com/axlcz01/index.htm 获取),通过 Python 编程获得"上海南站"到"金科路"的换乘路线。

(2) 模拟双色球投注与兑奖。使用循环随机投注 10 000 注,给定一组中奖号码,判断有多少注号码中奖,计算中奖概率。

(3) 给定一个字典,请按照逆序输出字典的 key 和 value。

扫码观看

第 **6** 章

函数及其高级应用

函数是 Python 语言的核心知识点,也是重点。本章介绍 Python 函数的定义与使用、变量的作用域、嵌套函数、装饰器、函数的闭包等。

本章的学习目标:

- 掌握函数的定义与使用方法;
- 掌握函数的嵌套与变量的作用域;
- 掌握函数的装饰器、函数的闭包的设计与使用;
- 了解 dis 模块分析函数底层的运行流程的方法。

6.1　函数

函数(function)是实现某一逻辑功能的代码段,这段代码块的名字就是函数名。函数可以提高代码复用性和可读性。Python 系统已经提供了许多内置函数,如 help()、print()、len()等。用户也可以创建自定义函数。

6.1.1　函数的定义

一个完整函数由函数名及参数列表、函数说明、函数体代码、返回值 4 部分组成(见表 6.1)。其格式为:

```
def 函数名(参数列表):
    """
        参数说明
    """
    函数体代码
    return 返回值
```

表 6.1　函数的组成

名　　称	功 能 介 绍	示　　例
函数名及参数列表	def 是定义函数关键词开头,后接函数标识符名称和传给函数的参数的圆括号(参数列表)和":"	def func_demo(r):
函数说明	通常函数的第一行语句建议使用文档字符串注释说明函数的用法。该信息可以用 help(函数名)显示出来	''' 输入为圆的半径 r,返回圆的周长和面积
函数体代码	紧接着的缩进内容,是该函数的逻辑代码	'''
返回值	使用 return［返回值］结束并返回值给调用方。返回值是一个元组(返回值的个数不限),若无返回值或 return 则返回 None	pi=3.14 p,a=2 * pi * r,pi * r * r return p,a

函数的使用遵循"先定义后使用"的原则。即:函数的定义必须出现在调用函数的语句之前,调用函数使用函数名和函数对应参数即可。

【例 6.1】　函数的定义与使用示例。

```
def func_demo(r):
    '''
    此函数输入参数为圆的半径 r,返回值为圆的周长和面积
    '''
    pi = 3.14
    p,a = 2 * pi * r, pi * r * r
    return p, a

r = 9
p, a = func_demo(r)
help(func_demo)
print(type(func_demo(r)))
print(f'Perimeter is: {p}')
print(f'Area is: {a}')
print(help(func_demo))
```

运行结果:

```
Help on function func_demo in module __main__:
func_demo(r)
    此函数输入参数为圆的半径 r,返回值为圆的周长和面积
< class 'tuple'>
Perimeter is: 56.52
Area is: 254.34
```

解释:

- help(func_demo)函数打印 func_demo ()函数的帮助信息。
- 函数的返回值为一个元组(周长,面积)。该元组的元素个数可以是 0～n 个。
- 无 return 关键词或返回值,函数一律返回 None。

如果从系统级进一步理解函数内部的调用过程,可以使用 Python 自带的反汇编工

具(https://docs. python. org/3/library/dis. html)来分析上述函数的调用过程。

【例 6.2】 函数的反汇编 dis 模块示例。

```
import dis
dis.dis(func_demo)
```

得到如下反汇编信息:

	None		
12	0	LOAD_CONST	1 (3.14)
	2	STORE_FAST	1 (pi)
13	4	LOAD_CONST	2 (2)
	6	LOAD_FAST	1 (pi)
	8	BINARY_MULTIPLY	
	10	LOAD_FAST	0 (r)
	12	BINARY_MULTIPLY	
	14	STORE_FAST	2 (p)
14	16	LOAD_FAST	1 (pi)
	18	LOAD_FAST	0 (r)
	20	BINARY_MULTIPLY	
	22	LOAD_FAST	0 (r)
	24	BINARY_MULTIPLY	
	26	STORE_FAST	3 (a)
15	28	LOAD_FAST	2 (p)
	30	LOAD_FAST	3 (a)
	32	BUILD_TUPLE	2
	34	RETURN_VALUE	

由上面反汇编信息可以看出,函数调用时先加载常量 LOAD_CONST,赋值 STORE_FAST,运算 BINARY_MULTIPLY,其中标号 32 为构造一个 tuple 类型数据,标号为 34 的行是函数的返回值。

6.1.2 函数的 docString

Python 程序在运行时,可以将源程序的相关注释信息(documentation strings,docString)提取出来,保存在变量 obj. __doc__ 中,Python 帮助系统 help(obj)调用该信息。这样程序员可以在撰写代码和注释的同时自动完成帮助文档的编写。相关 docString 的撰写规范在 PEP 257(https://www. python. org/dev/peps/pep-0257/)中有详细介绍。

【例 6.3】 函数的 docString 的定义与使用示例。

```
def func_demo(r):
    '''
```

```
    此函数输入参数为圆的半径 r,返回值为圆的周长和面积
    '''
    pi = 3.14
    p,a = 2 * pi * r,pi * r * r

    return p, a
r = 9
print(help(func_demo))
print(func_demo.__doc__)
```

显示信息：

```
Help on function func_demo in module __main__:

func_demo(r)
此函数输入参数为圆的半径 r,返回值为圆的周长和面积
None
```

此函数输入参数为圆的半径 r,返回值为圆的周长和面积

6.1.3　函数的参数传递

Python 语言中一切都是对象,函数传递的参数有可更改对象参数和不可更改对象参数(是否是可变对象可以哈希来识别,可哈希的是不可变对象,否则是可变对象)。不可更改对象参数传递的是对象值的复制,可改变对象传递的是对象的引用。理解该知识点可以通过跟踪变量的 id 是否改变来直接判断是按值传递还是按引用传递。

【例6.4】　函数的参数是按值传递还是按引用传递的代码示例。

```
def print_info(name, a, b):
    print(name + ' - ' * 30)
    print('id(a) = ', id(a), 'a = ', a, '\t id(b) = ', id(b), 'b = ', b)

def demo(a, b):
    a = a + 20
    b.append(99)
    print_info('函数体内',a, b)
if __name__ == '__main__':
    a, * b = list(range(1, 6))
    print_info('初始状态: ',a, b)
    demo(a, b)
    print_info('结束状态: ', a, b)
```

运行结果：

```
初始状态: -------------------------------------------------
id(a) = 140728017688224   a = 1   id(b) =  2030016631104   b =  [2, 3, 4, 5]
```

```
函数体内. ---------------------------------------
id(a) = 140728017688864    a =   21    id(b) =   2030016631104    b =  [2, 3, 4, 5, 99]
结束状态: ---------------------------------------
id(a) = 140728017688224    a =   1     id(b) =   2030016631104    b =  [2, 3, 4, 5, 99]
```

解释:

(1) 全局变量 a=10,它与函数体中形参 a=20 虽然变量同名,但是两个不同对象,因为 id 是不同的,对形参 a 的操作,对全局变量 a 没有影响。

(2) 变量 b 是 list,是可变对象,传递的是对象的引用,id 是相同的,所以,函数调用后可以修改 b 的值。

6.1.4 函数形参的默认参数值

Python 语言对函数形参的写法和调用非常灵活,函数的形参可以赋给默认的常数,方便函数的调用。

【例 6.5】 函数的默认参数传递代码示例。

```
def repeat(msg, times = 1):
    print(msg * times)
repeat('Hello')
repeat('World ', 5)
```

对 repeat( )函数的调用,可以使用形参默认模式 repeat('Hello')和全模式 repeat('World',5)。上述代码运行结果:

```
Hello
World World World World World
```

6.1.5 函数的关键字参数

函数的关键字参数是指在形参中使用"参数名=值"形式调用函数;而对位置参数的调用,仅提供参数名来调用函数。其规则如下。

(1) 位置参数只能出现关键字参数之前,不管是在形参还是实参中;

(2) 关键字参数在调用时实参中无须按照函数形参的顺序,只需按"参数名=值"即可。

【例 6.6】 函数的关键字参数传递代码示例。

```
def fun(x, y, z = 1):
    print(x, y, z)

fun( 1,y = 2,z = 3)
fun(z = 3,y = 2,x = 1)
```

运行结果：

```
1 2 3
1 2 3
```

6.1.6 函数的可变参数

大部分计算机语言(如 C 语言)调用函数的参数顺序和个数,必须与函数定义的参数顺序要严格一致,即遵从位置参数传递原则。但是在 Python 中函数的参数个数和顺序可以改变,主要是通过形参中的 * arg 和 ** arg 来实现的。Python 中函数实参的传递必须遵守下面顺序规则。

(1) 位置参数必须出现在 * arg 参数之前；

(2) * arg 必须出现在 ** arg 之前；

(3) 在 * arg 之后和 ** arg 之前出现的参数必须是关键字(k,v)参数形式；

(4) ** arg 参数之后不能有任何参数。

对参数的解析规则如下：

(1) 位置参数一一对应；

(2) * arg 收集位置参数之后的非关键字参数为一个 tuple 类型；

(3) ** arg 收集关键字参数为一个 dict,关键词、参数一一对应。

【例 6.7】 函数的可变参数传递代码示例。

```
def fun(x, * xx, y = 21, z = 2, ** yy):
    print(x, y, z, xx, yy)


fun(1, 2, 4, z = 88, y = 99, k1 = 0, g = 33)
```

运行结果：

```
1 99 88 (2, 4) {'k1': 0, 'g': 33}
```

6.2 变量的作用域

6.2.1 局部变量

在函数体内定义使用的变量称为局部变量。局部变量只存在于函数体局部(local)。所有变量的作用域是它们被定义的块,从定义它们的名字的定义点开始,程序块运行结束后,自动释放局部变量所占内存。

【例 6.8】 函数的局部变量代码示例。

```
x = 50
def func(x):
```

```
    print('x is', x)
    x = 2
    print(f'函数体内: id(x) = {id(x)}')
    print('Changed local x to', x)
print(f'调用前: id(x) = {id(x)}')
func(x)
print(f'调用后: id(x) = {id(x)}')
print('x is still', x)
```

运行结果:

```
调用前: id(x) = 8790537063616
x is 50
函数体内: id(x) = 8790537062080
Changed local x to 2
调用后: id(x) = 8790537063616
x is still 50
```

可以看到局部变量与全局变量是两个不同 id 的对象,各自的运算互不影响。

6.2.2   全局变量

有时候,需要在函数中定义全局(global)变量(即它不存在于任何局部函数或类的作用域中),需要在函数或类中将变量用 global 语句修饰。注意,全局变量不能赋值,如 global x=3 是错误的。

【例 6.9】   函数的全局变量代码示例。

```
x = 50
def func(xy):
    global x
    print('x is', x)
    x = 2
    print(f'函数体内: id(x) = {id(x)}')
    print('Changed local x to', x)
print(f'调用前: id(x) = {id(x)}')
func(x)
print(f'调用后: id(x) = {id(x)}')
print('x is ', x)
```

运行结果:

```
调用前: id(x) = 8790537063616
x is 50
函数体内: id(x) = 8790537062080
Changed local x to 2
调用后: id(x) = 8790537062080
x is  2
```

可以看到,起初 x=50,经过函数调用后,x 的 id 已经发生变化,内容也变成了 x=2。x 的名字虽然没有变,但是所指向的 id 变了。这也再次说明了整数是不可变对象。

6.2.3 nonlocal 变量

nonlocal 声明的变量在上级局部作用域内,而不是全局定义。如一个函数 A() 内部嵌套了函数 B(),函数 B() 内要将内部的变量的作用域声明为函数 A() 的作用域,需要使用 nonlocal。如果在它声明的变量在上级局部中不存在,则会报错。

【例 6.10】 nonlocal 变量代码示例。

```
x = 120
def outer():
    x = 119
    def inter():
        x = 114
    inter()
    print(x)

outer()
```

运行的结果为 114。如果要求 inter() 函数内中对其宿主函数 outer() 内定义的 x 的修改是有效的,必须加上关键字 nonlocal。

```
x = 120
def outer():
    x = 119
    def inter():
        nonlocal x
        x = 114
    inter()
    print(x)

outer()
```

运行结果为 114。也就是说,nonlocal 使得嵌套在函数体内的内部函数,可以访问其宿主函数内的变量。

进一步可以这样测试,现将 inter() 的上级局部变量 x 去掉,则会报错。

```
x = 120
def outer():
    # x = 119
    def inter():
        nonlocal x
        x = 114
    inter()
```

```
    print(x)

outer()
```

提示：可以使用 vars()、globals()、locals()查看系统、变量、局部变量的名字和值。

6.3　lambda 表达式

lambda 是一种特定的表达式,也是一个匿名函数(即没有函数名称的函数),可以包含表达式和语句,lambda 表达式的使用语法如下:

```
lambda [输入参数]:表达式或语句块
```

其返回值为表达式或语句块运算结果。

函数与 lambda 表达式对应例子(见表 6.2)。

表 6.2　函数与 lambda 表达式

函 数 样 例	说　　明	lamda 表达式	调　　用
f()＝39	无自变量函数	f＝lambda：39	f(39)
f(x,y)＝x2＋y2	有自变量函数	f＝lambda x,y:x＊x＋y＊y	f(x,y)

【例 6.11】　lambda 表达式代码示例。

```
♯本程序演示: 有自变量和无自变量 lambda 函数表达式
x = 2
y = 3
f = lambda x,y:x * x + y * y
g = lambda : 39
print(f(x,y))
print(g())
```

运行结果:

```
13
39
```

lambda 表达式带 if 判断语序的表达方法:

```
f = lambda x: 'big' if x > 100 else 'small'
♯ 或者
f = lambda x: ['small', 'big'][x > 100]
```

6.4　行函数

行函数也叫列表解析或列表推导式,可以用于构建列表或元组。它有两种构建方式,其语法格式如下:

(<表达式> for k in L [if <表达式>)

其语法可以分为:

(1) 循环模式,格式为(变量(运算后的变量)for 变量 in iterable)。

(2) 筛选模式,格式为(变量(运算后的变量)for 变量 in iterable if 条件)。

【例6.12】　列表推导式代码示例。

```
a = tuple(x * x for x in range(10) if 3 < x < 6)
b = [x * x for x in range(10)]
c = set(x * x for x in range(10))
print(a)
print(b)
print(c)
```

运行结果:

```
(16, 25)
[0, 1, 4, 9, 16, 25, 36, 49, 64, 81]
{0, 1, 64, 4, 36, 9, 16, 49, 81, 25}
```

解释:行函数能非常灵活地根据表达式的约束条件获取数据序列。

【例6.13】　dict 推导式。

```
dic = {'a':'b','c':'d'}
dic1 = {'hello ' + dic[i]:i + ' world' for i in dic}
print(dic1)
print([k + v for (k,v) in dic.items()])
```

运行结果:

```
{'hello b': 'a world', 'hello d': 'c world'}
['ab', 'cd']
```

【例6.14】　寻找名字中带有两个 e 字母且长度超过 6 个字符的人的名字。

```
names = [['Teem',"Billy","Jefferson","Welsey"],
        ["Alicee","Jill","Ana","Weny"]]
lst = [name for first in names for name in first if name.count('e') == 2 and len(name)>6]
print(lst)
```

运行结果：

```
['Jefferson']
```

6.5　序列相关函数

6.5.1　filter()函数

filter()函数是系统内部函数,用于过滤可迭代对象序列、过滤掉不符合条件的元素,返回由符合条件元素组成的新的序列。filter()的语法如下:

```
filter(function, iterable)
```

其返回值为 filter object。

该函数接收两个参数：第一个为函数；第二个为序列。序列的每个元素作为参数传递给函数进行判,然后返回 True 或 False,最后将返回 True 的元素放到新列表中。

【例 6.15】　filter()函数代码示例。

```
x = filter(lambda x: x>'c','abcdefghijk')
z = filter(lambda x: 5 < x < 10,range(1,100))
print(x)
print(z)
print(list(x))
print(tuple(z))
```

运行结果：

```
< filter object at 0x0000026F1CC3D4A8 >
< filter object at 0x0000026F1CC3D358 >
['d', 'e', 'f', 'g', 'h', 'i', 'j', 'k']
(6, 7, 8, 9)
```

说明：可以将过滤函数看作给定条件为 x= lambda x：x>'c',自变量 x 的取值范围为 'abcdefghijk'。

x=filter(lambda x：x>'c','abcdefghijk')的作用是过滤掉字符串中小于'c'的字符。

print(list(x))将过滤结果转换为 list。

z=filter(lambda x：x>5 and x<10,range(1,100))的作用是只保留大于 5、小于 10 的数。

print(tuple(y))将过滤结果转换为 tuple。

6.5.2　map()函数

map()函数是 Python 的内置函数,它将一个序列的值作为自变量传递给函数计算,得到对应的结果,将对应的结果序列组成 map object。该函数的使用语法：

```
map(function, iterable1,iterable2...)
```

其返回值为 map object。

注意，map()函数映射得到的是 map object，而非同序列类型的映射。

【例 6.16】　map()函数代码示例。

```
a = [1,2,3,4,5]
result1 = map(lambda x: x * 2,a)
# map()函数的输入参数：函数为 x = lambda x: x * 2, 自变量 x 的取值范围为 a = [1,2,3,4,5]
# result1 = map(lambda x: x * 2,a)是 map()函数将对象 a 做映射，得到 map object
result2 = sum(map(lambda x: x * 2,a))
# result2 = sum(map(lambda x: x * 2,a))是 map()函数将对象 a 做映射，得到 map object,并求和
result3 = list(map(lambda x: x * 2,a))
# result3 = list(map(lambda x: x * 2,a))是 map()函数将对象 a 做映射，得到 map object,并转换
# 为 list
result4 = set(map(lambda x: x * 2,a))
# result4 = set(map(lambda x: x * 2,a)) 是 map()函数将对象 a 做映射，得到 map object,并转换
# 为 set
print(result1)
print(result2)
print(result3)
print(result4)
```

运行结果：

```
< map object at 0x0000026F1CC25400 >
30
[2, 4, 6, 8, 10]
{2, 4, 6, 8, 10}
```

两个以上的可迭代对象可以由 map()函数处理，如：

```
>>> a = list(range(5))
>>> b = list(range(6,10))
>>> c = list(map(lambda x,y: x + y,a,b))
>>> c
[6, 8, 10, 12]
>>> d = dict(map(lambda x,y,z: (x + y,x + y + z),a,b,c))
>>> d
{6: 12, 8: 16, 10: 20, 12: 24}
```

6.5.3　reduce()函数

reduce()函数不是 Python 的内部函数，该函数在 Python 系统自带的 functiontools
模块中。reduce()函数的功能是完成归并的处理，即对一个可迭代数据集中的数据，按照
对应函数做累计处理。使用语法：

```
reduce(function, iterable,[, initial])
```

其中,function 是对一个可迭代数据集处理归约函数,数据集可以遍历的,如 list、tuple、set 等。

看下列代码。

【例 6.17】 reduce()函数代码示例。

```
from functools import reduce
def add(x,y):
    return x + y
print (reduce(add,[1,2,3,4,5]))
print (reduce(add,(1,2,3,4,5),100))
print (reduce(add,{1,2,3,4,5}, − 10))
print(reduce(lambda x,y:x + y,range(1,100)))
```

运行结果:

```
15
115
5
4950
```

解释: reduce(add,[1,2,3,4,5]),使用初值 x=0,y=1,传递给 add()函数,add()函数将计算结果赋值给 x,再从序列中取出 2 赋值给 y,传递给 add()函数,以此类推,直至累计结束,返回累计值。

6.6 函数的高级应用

6.6.1 函数的装饰器

Python 的装饰器(decorator)本质上是一个函数,装饰器的输入参数是要装饰的函数名(并非函数调用),返回值是装饰完的函数名(也非函数调用)。可以把装饰器理解为复合函数:y=d(g(x)),即函数的函数。

这种机制可以让作为参赛的函数 g(x)无须改动代码,通过嵌套为 d(g(x))而增加额外的功能,装饰器的返回值也是一个函数对象(函数的指针)。装饰器必须满足三个条件:

(1)不能改变原来函数的代码。

(2)不能改变函数的调用方式。

(3)为函数添加新的功能。

开发人员可将复用率高的代码写为装饰器。使用该装饰器,可以大大降低代码量并使得代码更加清晰。Python 的装饰器有很多经典的应用场景,如插入日志、性能测试、事务处理、权限校验等。

1. 装饰器模板

装饰器的代码格式基本固定,以下是典型的装饰器模板,只要补充装饰器外围函数代码即可。

装饰器代码模板:

```
def log(func):
    def wrapper( * args, ** kw):
        ♯ 补充:装饰器外围函数代码
        return func( * args, ** kw)
    return wrapper
```

如定义一个能打印调用函数运行时间的装饰器:

```
import time
♯ 计算时间函数
def show_run_time(func):
    def wrapper( * args, ** kw):
        start_time = time.time()
        func( * args, ** kw)
        print (f'函数名:{func.__name__} 运行时间:{time.time() − start_time}')
    return wrapper
```

2. 装饰器的使用

装饰器的使用非常简单,只需在需要被装饰的函数前面增加@装饰器函数名,即可使得函数具有装饰器函数的功能。以下演示装饰器 show_run_time()的使用。

【例 6.18】 装饰器 show_run_time()的使用。

```
@show_run_time
def demo_func(n):
    for i in range(n):
        pass
if __name__ == '__main__':
    demo_func(900000)
```

运行结果为:

```
函数名:demo_func 运行时间:0.03854250907897949
```

6.6.2 函数的闭包

函数的闭包(closure)就是内层函数对外层函数(非全局)的变量的引用。Python 中闭包从表现形式上看,如果在一个内部函数中,对在外部作用域(但不是在全局作用域)的

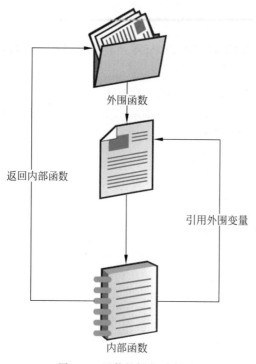

外围函数

返回内部函数

引用外围变量

内部函数

图 6.1　函数的闭包示意图

变量进行引用,且闭包函数返回这个内部函数。函数的闭包本质是函数的嵌套和高阶函数(见图 6.1)。

Python 实现函数的闭包要满足三个条件:

(1) 必须是嵌套函数。

(2) 内嵌函数必须引用一个(或一个以上)定义在外部函数中的变量。

(3) 外部函数必须返回内嵌函数。

闭包简而言之"外返内,内引外",即外围函数返回值为内部函数,内部函数要引用外围函数的变量。

闭包的作用:

(1) 闭包返回的是函数体内嵌入的内部函数(得到内部函数)。

(2) 进一步对闭包返回函数的调用,可以实现从函数的外部调用嵌入在函数内部的函数。

【例 6.19】　闭包函数的调用、测试闭包函数的返回值(函数)示例。

```python
def outfunc(x):
    y = 10
    def infunc(z):
        c = x + y + z
        return c
    return infunc


a = 90
print(outfunc(a))
print(outfunc(a).__name__)
print(outfunc(a)(5))
print(outfunc(a)(6))
```

运行结果:

```
< function outfunc.< locals >. infunc at 0x000001986ADE7EE0 >
infunc
105
106
```

可以看到,调用 outfunc(a)返回的是函数< function outfunc.< locals >. infunc at

0x000001986ADE7EE0 >,该函数名是 infunc,调用内部函数的方式是:outfunc(a)(6),
即外部函数在运行 outfunc(a)后得到内部函数 infunc(),再运行 outfunc(a)(6)

【例 6.20】 利用函数的闭包实现对内部函数调用次数的统计。

```
♯ 闭包
def func():
    name = 'alex'    ♯ 常驻内存,防止其他程序改变这个变量
    counter = 0
    def inner():
        nonlocal counter
        counter += 1
        print('No.',counter,name)    ♯ 内层函数调用外层函数的变量,叫闭包,可以让一个
                                      ♯ 局部变量常驻内存
    return inner
ret = func()
ret()
ret()
ret()
print(ret.__closure__)
```

可以看到,每次调用闭包函数,都会在上一次的结果上继续计算。运行结果:

```
No. 1 alex
No. 2 alex
No. 3 alex
(< cell at 0x000001DE19BFE9A0: int object at 0x00007FFDCB8116E0 >, < cell at
    0x000001DE19C19370: str object at 0x000001DE30BD94B0 >)
```

其中,__closure__属性检测函数是否闭包。使用函数名.__closure__,若是闭包函数,则
返回< cell ⋯>,否则返回 None。

另外,还可以利用函数的闭包来实现一个函数的装饰器。

【例 6.21】 利用函数的闭包实现函数的装饰器。

```
def foo():
    print('hello world')

def decorate(fun):
    def log():
        print('call %s():' % fun.__name__)
        fun()
    return log
foo = decorate(foo)
```

运行结果:

```
call foo():
hello world
```

6.6.3 迭代器

迭代器（iterator)是用于表示一串数据流(类似链表数据结构)的对象。迭代器必须同时实现__iter__()方法和__next__()方法(见图6.2)。

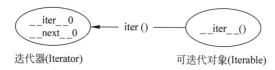

图 6.2 迭代器

- iterator.__iter__()方法：返回迭代器对象本身。

通常使用内置函数 iter(可迭代对象) 返回迭代器。容器和迭代器可以使用 for 和 in 语句实现遍历。

- iterator.__next__()方法：返回容器的下一项元素。

重复调用迭代器的 __next__()方法，或用内置函数 next()将依次返回数据流中的下一个元素，并在元素耗尽(无数据)时引发 StopIteration 异常。

通常可以在一个类中实现这两个方法。如：

```python
class MyIterator:
    def __init__(self, start, end):
        self.value = start
        self.end = end

    def __iter__(self):
        return self

    def __next__(self):
        if self.value > = self.end:
            raise StopIteration
        current = self.value
        self.value += 1
        return current

it1 = MyIterator(1,100)
for num in it1:
    print(num)
```

迭代器的特点：节省内存、惰性机制、按序访问。

可迭代对象是至少实现了__iter__()方法的对象，即迭代器一定是可迭代对象，可迭代对象不一定是迭代器。可迭代对象可以使用 iter()函数调用，返回迭代器。

Python 提供了许多可迭代对象，这些可迭代对象都有一个标准的系统函数__iter__()，可以使用 dir()查看上述对象是否具备这些函数。这些对象内的元素可以 for 语句来循环访问，如 str、tuple、list、set、dict、range 等。

【例 6.22】 迭代器与可迭代对象代码示例，调用 iter()函数返回迭代器。

```
from collections.abc import Iterable, Iterator
lst = list(range(5))
a,b = isinstance(lst, Iterable), isinstance(lst, Iterator)
# 是可迭代对象,但不是迭代器
print(f'{lst} Iterable:{a}, {lst} Itertor:{b}')
iterator = iter(lst)    # 返回可迭代对象 lst 的迭代器
aa,bb = isinstance(iterator, Iterable), isinstance(iterator, Iterator)
# 既是可迭代对象,也是迭代器
print(f'{iterator } --> Iterable:{aa}, Itertor:{bb}')
```

运行结果:

```
[0, 1, 2, 3, 4] --> Iterable:True,  Itertor:False
< list_iterator objcct at 0x00000145CECF5730 > --> Iterable:True, Itertor:True
```

迭代器常与生成器一起组合使用,实现对数据的依次遍历。

6.6.4 生成器

生成器(generator)函数就像常规函数一样,但是有一个关键的区别是使用 yield 关键字替换 return(见图 6.3)。

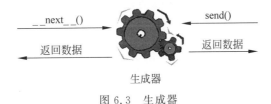

图 6.3 生成器

由于生成器是可迭代对象,对生成器中数据的访问调用也可以如下方式使用:

```
for i in iter(生成器对象):
    i
```

由于生成器对数据的访问是分批进行的,因此可以避免数据过多的占用内存。如机器学习对模型的训练,往往训练样本很大,可能无法一次将数据装入内存,这时可以使用生成器将数据分批装载到内存。为了演示类似实现方法,以下使用 1~10 个数字模拟数据,使用生成器,分两次将数据装载到内存,分批显示。

【例 6.23】 使用生成器模拟对大数据处理,将数据分批进行处理。

```
data = list(range(1,11))
epoch = 2
batchSize = int(len(data)/epoch)
print(f'data is {data}')
def func(data):
    j = 0
```

```
    for i in range(1,epoch + 1):
        content = 'Round.' + str(i) + str(data[j:i * batchSize])
        j = i * int(batchSize)
        yield content

g = func(data)   # 获取生成器
for i in iter(g):
    print(i)
```

运行结果:

```
data is [1, 2, 3, 4, 5, 6, 7, 8, 9, 10]
Round.1[1, 2, 3, 4, 5]
Round.2[6, 7, 8, 9, 10]
```

对生成器函数的调用可以使用__next()__函数或者 send()函数。

【例 6.24】 生成器代码示例。

```
def func(num1):
    for i in range(num1):
        call_id = yield 'Round.' + str(i)
        print(f'call_id:{ call_id },  got {i} ')

g = func(5)   # 获取生成器
print(f'current num :{g.__next__()}')
print(f'current num :{g.__next__()}')
ret2 = g.send("欧阳锋")
ret3 = g.send("洪七公")
ret4 = g.send("黄药师")
```

运行结果:

```
current num :Round.0
call_id:None,  got 0
current num :Round.1
call_id:欧阳锋,  got 1
call_id:洪七公,  got 2
call_id:黄药师,  got 3
```

生成式函数的可以通过调用.next__(),或者. send()函数激活运行,可以把 send(string)理解为 一个请求者 string 对生成器调用的记录,即标记为 string 的请求获取的结果。

6.7 eval()函数

Python 中的 eval()函数是内置函数,它可以将字符串中的 Python 源程序表达式字符串解析运行。eval()函数的语法:

eval(expression,globals = None,locals = None)

- expression 只能是一个 Python 表达式字符串。
- globals 和 locals 可选。
- globals 实参必须是一个字典。locals 可以是任何映射对象。它们用以限定表达式的作用范围。
- 返回值就是表达式的求值结果。若字符串有语法错误,则抛出异常。

【例 6.25】　eval()函数代码示例。

```
>>> x = 1
>>> eval('x + 1')
2
>>> eval ('[2,3,4] [1]')
3
# 不限定范围
>>> eval('ord("a")')
97
# 限定表达式的作用范围,不允许使用内置函数,将导致出错
>>> eval('ord("a")',{'__builtins__':None})
Traceback (most recent call last):
  File "< pyshell#12>", line 1, in < module >
    eval('ord("a")',{'__builtins__':None})
  File "< string >", line 1, in < module >
TypeError: 'NoneType' object is not subscriptable
```

6.8　exec()函数

如果需要动态运行 Python 源程序,可使用 Python 中的 exec()内置函数,其语法为:

exec(object[, globals[, locals]])

这个函数支持动态运行 Python 代码。object 必须是字符串或者代码对象。如果是字符串,那么该字符串将被解析为一系列 Python 语句并运行。

【例 6.26】　exec()函数代码示例。

```
x = 100
exec('x = x + 12')
print(x)
exec('print(dir())')
exec('print(dir())',{'__builtins__':None})      # 导致出错,因为不允许使用内部函数
```

exec()与 eval()的区别:exec()是运行 Python 对象或语句,eval()用来求表达式的值。如:

```
>>> eval('[(x ** 2) for x in range(7)]')
[0, 1, 4, 9, 16, 25, 36]
```

如果使用 exec()求 Python 表达式,则没有任何结果输出显示。如:

```
>>> exec('[(x ** 2) for x in range(7)]')
>>>
```

6.9　本章小结

通过本章的学习,已经掌握了 Python 函数的定义与使用、函数的形参定义,函数中的变量的作用域、嵌套函数、装饰器、函数的闭包、生成器,以及 eval()和 exec()函数的使用。

6.10　习题

扫码观看

(1) 使用函数将完成的第 5 章的习题(1)代码重构。

(2) 使用函数将完成的第 5 章的习题(2)代码重构。

(3) 设计一个装饰器,实现对程序的日志记录。

(4) 设计一个生成器,请求一次,生成一个随机数。

第 7 章

文件与输入输出

本章主要介绍 Python 文件的读写方法,以及使用 os 模块实现文件相关的查找、复制、删除,目录的创建、遍历等操作。

本章的学习目标:

- 掌握 Python 文件的读写方法;
- 掌握 shelve、pickle、JSON 对象的序列化与反序列化方法;
- 掌握 os 模块常见的对文件、目录的相关操作。

7.1 Python 的输入输出

Python 内置了三种标准的输入输出流。这三种流定义在 sys 模块中(见图 7.1),即

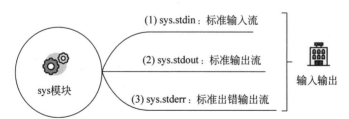

图 7.1 Python 标准的输入、输出流

(1) sys. stdin:标准输入流,sys. stdin. read()类似 input()函数;

(2) sys. stdout:标准输出流,sys. stdout. write();

(3) sys. stderr:标准出错输出流,信息将用红色字体警示。

Python 程序启动这三种流自动与操作系统的 Shell 环境(如 Windows 终端)中的标准输入、输出、出错流关联。

【**例 7.1**】 Python 内置三种标准的输入输出流代码示例。

```
>>> import sys
>>> s = sys.stdin.read(10)
this is a test for string
>>> s
'this is a'
>>> so = sys.stdout.write('hello')
Hello
>>> sys.stderr.write('hello')
hello5
```

这三种流是可以重定向的。如可以将输出流重新定向到文件。以下代码演示利用
Python 系统的 help()函数,提取 sys 模块的帮助信息到文本文件 help.txt。

```
>>> import sys
>>> sys.stdout = open('help.txt', 'w')
>>> help(sys)
```

7.2　Python 文件的操作

文件是操作系统中的一个重要概念。在操作系统运行时,计算机以进程为基本单位
进行资源的调度和分配;而在用户进行的输入输出中,则以文件为基本单位。文件是以
计算机外部存储设备为载体保存的数据。文件类型可以是文本文档、图片、视频、声音、程
序等。Python 语言中提供了对文件操作相关的模块,利用这些模块可以完成文件的输入
输出,目录的创建、删除和文件查找等操作。

7.2.1　文件的打开与关闭

对任何文件的处理必须先打开(或创建)文件,才可以对文件进行读写操作。Python
提供了内置函数 open()来打开(创建)文件,该函数提供了模式(mode)选项来选择文件的
访问方式。open()函数的语法是:

open(file, mode = 'r', buffering = − 1, encoding = None, errors = None, newline = None, closefd =
True, opener = None)

函数的参数说明:
- file:文件名。文件名为字符串值。
- mode:打开模式。可以为读取、写入和追加等。默认为读取(r)(见表 7.1)。

表 7.1　文件打开模式

访问模式	说　　　明
r	读取。默认值。打开文件进行读取,如果文件不存在则报错
a	追加。打开供追加的文件,如果不存在则创建该文件

续表

访问模式	说　　明
w	写入。打开文件进行写入,如果文件不存在则创建该文件
x	创建。创建指定的文件,如果文件存在则返回错误
t	文本模式。默认值
b	二进制模式文件(如声音、视频、图像文件)
+	更新模式。文件的读取与写入

- buffering:文件缓存区。若 buffering＝0 则不使用缓存。若 buffering 为大于 1 的整数,为寄存区的缓冲大小。若 buffering＝1 则使用默认缓存。若 buffering＜0,则寄存区的缓冲大小为系统默认。
- encoding:文件的编码系统。默认为 UTF-8 编码。
- errors:一个可选的字符串参数,用于指定如何处理编码和解码错误。
- newline:控制 universal newlines 模式如何生效(它仅适用于文本模式)。它可以是 None、''、'\n'、'\r' 和 '\r\n'。
- closefd:布尔值。如果给出文件名则 closefd 必须为 True(默认值),否则将引发错误。如果为 False 并且给出了文件描述符而不是文件名,那么当文件关闭时,底层文件描述符将保持打开状态。
- opener:使用自定义开启器,然后通过使用参数(file,flags)调用 opener,获得文件对象的基础文件描述符。

另外,文件访问模式可以组合应用(见表 7.2)。

表 7.2　Python 常见的文件访问组合模式

访问模式	说　　明
r+	打开一个文件用于读写。文件指针将会放在文件的开头
rb	以二进制格式打开一个文件用于只读
rb+	以二进制格式打开一个文件用于读写
w+	打开一个文件用于读写。如果该文件已存在,则被覆盖。如果该文件不存在,则创建新文件
wb	以二进制格式打开一个文件只用于写入。如果该文件已存在,则被覆盖。如果该文件不存在,则创建新文件
wb+	以二进制格式打开一个文件用于读写。如果该文件已存在,则被覆盖。如果该文件不存在,则创建新文件
a+	打开一个文件用于读写。如果该文件已存在,文件指针将会放在文件的结尾,文件打开时是追加模式。如果该文件不存在,则创建新文件用于读写
ab	以二进制格式打开一个文件用于追加。如果该文件已存在,文件指针将会放在文件的结尾,新的内容将会被写入到已有内容之后。如果该文件不存在,则创建新文件进行写入
ab+	以二进制格式打开一个文件用于追加。如果该文件已存在,文件指针将会放在文件的结尾。如果该文件不存在,则创建新文件用于读写

以下举个例子,将 hello world 写入一个文件。

【例 7.2】　将 hello world 写入文件。

```
f = open("my_file.txt", 'w')
f.write("hello world")
# 或可以直接将 print()函数的输出定向为文件
print('hello world',file = open('ok.txt','w'))
```

上述程序运行结束后,虽然 Python 解释器不报错,但打开 my_file.txt 文件会发现文件内容为空,没有数据写入该文件。其原因是 Python 对文件的处理是输入输出操作时会先将数据临时存储到缓冲区中,只有缓冲区满了才会将数据写入文件。因此,在完成文件相关输入输出作业后,要保证文件数据的安全需要将其关闭,此时才会将缓冲区中的数据真正写入文件中。

关闭文件语法格式:

```
file.close()
```

因此,需要在上面程序的最后添加如下代码:

```
file.close()
```

7.2.2　文件操作异常捕获与处理

由于文件涉及的输入输出操作环境非常复杂(如当前用户没有打开或创建文件的权限、文件不存在、硬盘存储空间已满等),通常对所有涉及文件的操作代码要进行异常捕获,确保无论是否出错都能正确地关闭文件。在 Python 语言中,可以有两种方法来捕获文件操作异常(见图 7.2)。

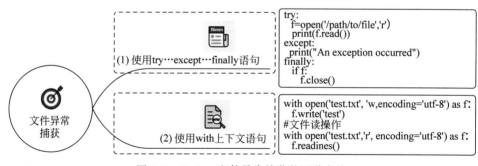

图 7.2　Python 文件异常捕获的两种方法

方法一:使用 try…except…finally 语句来捕获异常。

```
try:
    f = open('/path/to/file', 'r')
    print(f.read())
except:
  print("An exception occurred")
```

```
finally:
    if f:
        f.close()
```

方法二：使用 with 语句进行文件的上下文管理。

```
# 文件写操作
with open('test.txt', 'w', encoding = 'utf - 8') as f:
    f.write('test')
# 文件读操作
with open('test.txt', 'r', encoding = 'utf - 8') as f:
    f.readlines()
```

with 语句运行完自动关闭文件，无须再调用 close()函数关闭文件。这样可避免因忘记关闭文件而导致资源的占用。

7.2.3　文件操作函数

（1）文件读写标尺位置的定位。

文件由一系列字符或字节组成，也可以看作一维坐标轴，对文件的读写需要获取文件指针位置（可以理解为坐标位置）；文件的指针位置相关函数如图 7.3 所示。

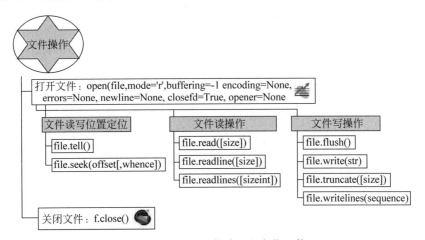

图 7.3　Python 文件读、写、定位函数

- file. seek(offset[,whence])：移动文件读取指针到指定位置。
- file. tell()：返回文件当前位置。

（2）文件读操作的相关函数：对文件的读可以按照缓冲区或行读入。

- file. read([size])：从文件读取指定的字节数，如果未给定或为负则读取所有内容。
- file. readline([size])：读取整行，包括 "\n" 字符。
- file. readlines([sizeint])：读取所有行并返回列表，若给定 sizeint>0，则返回总和大约为 sizeint 字节的行，实际读取值可能比 sizeint 大，因为需要填充缓冲区。

(3) 文件写相关的操作函数。

- file. write(str)：将字符串写入文件，返回的是写入的字符长度。
- file. writelines(sequence)：向文件写入一个序列字符串列表，如果需要换行则要自己加入每行的换行符。
- file. truncate([size])：从文件的首行首字符开始截断，截断文件为 size 个字符，无 size 表示从当前位置截断；截断之后的所有字符被删除，其中 Windows 系统下的换行代表 2 个字符大小。
- file. flush()：刷新文件内部缓冲，直接把内部缓冲区的数据立刻写入文件，而不是被动地等待输出缓冲区写入。

(4) 文件关闭函数。文件读写结束后需要关闭，否则文件或文件内容会丢失。

file. close()：关闭文件。关闭后文件不能再进行读写操作。

7.2.4　文件操作案例

【例 7.3】　文件的创建、写操作、读操作、追加操作代码示例。

```python
with open('demo.txt','w',encoding = 'utf - 8') as f:
    f.write("这里演示文件的创建!以及相关函数的使用和功能!!!\n" * 2)

with open('demo.txt','r',encoding = 'utf - 8') as f:
    print('文件读位置:',f.tell())
    s1 = f.read(10)
    print(s1)
    print('文件读位置:',f.tell())
    print(f.read())

with open('demo.txt','a + ',encoding = 'utf - 8') as f:
    f.write("hello world!!!\n")

with open('demo.txt',encoding = 'utf - 8') as f:
    print(f.read())
```

运行结果：

```
文件读位置: 0
这里演示文件的创建!
文件读位置: 30
以及相关函数的使用和功能!!!
这里演示文件的创建!以及相关函数的使用和功能!!!

这里演示文件的创建!以及相关函数的使用和功能!!!
这里演示文件的创建!以及相关函数的使用和功能!!!
hello world!!!
```

7.3 shelve 对象数据的存取

Python 的 shelve 模块提供了相关函数可以将对象按照(key,value)对应关系保存到文件里面,key 要求必须是字符串,value 则可以是任意合法的 Python 数据类型,缺省(即默认)的数据存储文件是二进制的。shelve 可以作为一个简单的数据存储方案。主要函数如下:

```
shelve.open(filename, flag = 'c', protocol = None, writeback = False)
```

创建或打开一个 shelve 对象。shelve 默认打开方式支持同时读写操作。其中各个参数的具体含义如下。
- filename:关联的文件路径。
- 可选参数 flag,默认为'c',如果数据文件不存在,则创建文件;'r'为只读;'w'为可读写;'n'为每次调用 open()函数都重新创建一个空的文件,可读写。
- protocol:序列化模式,默认值为 None。
- writeback:默认值为 False。当设置为 True 以后,shelve 会将所有从 DB 中读取的对象存放到一个内存缓存中。
- shelve.close():同步并关闭持久化 dict 对象。对已关闭 shelve 的操作将失败并引发 ValueError。

【例 7.4】 使用 shelve 实现一个简单的类似数据库的文件数据库,并实现增加、删除、修改、查找、遍历功能。

```
import shelve
```

(1)保存数据。

```
with shelve.open('test_shelf.db') as w:
    w['abc'] = {'age': 10, 'float': 9.5, 'String': 'china'}
    w['efg'] = [1, 2, 3]
```

(2)查找数据。

```
with shelve.open('test_shelf.db') as r:
    print(r['abc'])
    print(r['efg'])
```

(3)删除、插入、更新数据。

```
with shelve.open('test_shelf.db', flag = 'w', writeback = True) as dm:
    del dm['abc']
    dm['gre'] = [99879, 2, 3]
    dm['efg'] = "thi is a test".split()
```

(4) 遍历数据。

```
with shelve.open('test_shelf.db') as s:
    for key, value in s.items():
        print(key, value)
```

7.4 pickle 对象数据的存取

Python 的 pickle 模块可以实现对一个 Python 对象的二进制序列化和反序列化。

(1) 二进制序列化称为封存（pickling），是将 Python 对象及其所拥有的层次结构转换为一个字节流的过程。

(2) 反序列化称为解封（unpickling），是上面操作的逆操作，将字节流转换回一个对象层次结构。

也就是说，pickle 模块可以实现 Python 对象的存储及恢复。Python 的 pickle 模块提供了以下 4 个函数(见表 7.3)。

(1) dumps()和 loads()：实现基于内存(字符串)的 Python 对象序列化与反序列化相互转换。

(2) dump()和 load()：实现基于文件的 Python 对象与二进制序列化与反序列化互相转换。

表 7.3　pickle 常用的函数

序列化的位置	函　　数	功　能　说　明
内存	pickle.dumps()	将 Python 中的对象序列化成二进制对象，并返回
	pickle.loads()	读取给定的二进制对象数据，并将其转换为 Python 对象
文件	pickle.dump()	将 Python 中的对象序列化为二进制对象，并写入文件
	pickle.load()	读取指定的序列化数据文件，并返回对象

7.4.1　pickle.dumps()

此函数用于将 Python 对象转换为二进制内存对象(字符串)。其语法格式如下：

```
dumps(obj, protocol = None, *, fix_imports = True)
```

其中，各个参数的具体含义如下。

* obj：要转换的 Python 对象；
* protocol：pickle 的转码协议，取值为 0、1、2、3、4，其中 0、1、2 对应 Python 早期的版本，3 和 4 则对应 Python 3.x 版本及之后的版本。未指定情况下，默认为 3。
* 其他参数：为了兼容 Python 2.x 版本而保留的参数，Python 3.x 版本中可以忽略。

【例 7.5】 pickle 模块中 dumps()代码示例。

```
import pickle
tup1 = ('Success@shnu.edu.cn!!', {1,2,3}, True)
# 使用 dumps()函数将 tup1 转换为 p1
p1 = pickle.dumps(tup1)
def hi(name):
    print('hello' + name)

# 使用 dumps()函数将 hi 转换为 p2
p2 = pickle.dumps(hi)
print(p1)
print(p2)
```

运行结果：

```
b'\x80\x04\x95&\x00\x00\x00\x00\x00\x00\x00\x8c\x15Success@shnu.edu.cn!!\x94\x8f\x94
    (K\x01K\x02K\x03\x90\x88\x87\x94.'
b'\x80\x04\x95\x13\x00\x00\x00\x00\x00\x00\x00\x8c\x08__main__\x94\x8c\x02hi\x94\x93\
    x94.'
```

7.4.2 pickle.loads()

此函数用于将二进制对象转换为 Python 对象,其基本格式如下:

```
loads(data, *, fix_imports = True, encoding = 'ASCII', errors = 'strict')
```

其中,data 参数表示要转换的二进制对象,其他参数只是为了兼容 Python 2.x 版本而保留的,可以忽略。

将例 7.5 中的序列化对象 p1、p2 反序列化为 Python 对象。

【例 7.6】 pickle 模块中 dumps()与 loads()代码示例。

```
import pickle
tup1 = ('Success@shnu.edu.cn!!', {1,2,3}, True)
# 使用 dumps()函数将 tup1 转换为 p1
p1 = pickle.dumps(tup1)
def hi(name):
    print('hello' + name)

# 使用 dumps()函数将 hi 转换为 p2
p2 = pickle.dumps(hi)
print(p1)
print(p2)
t1 = pickle.loads(p1)
t2 = pickle.loads(p2)

print(t1)
t2('I like china')
```

运行结果:

```
('Success@shnu.edu.cn!!', {1, 2, 3}, True)
hello I like china
```

注意,dumps()与loads()函数通常成对使用。在使用 loads()函数将二进制对象反序列化成 Python 对象时,会自动识别转码协议,所以不需要将转码协议当作参数传入。并且,当待转换的二进制对象的字节数超过 pickle 的 Python 对象时,多余的字节将被忽略。

7.4.3 pickle.dump()

此函数用于将 Python 对象转换为二进制文件。其基本语法格式为:

```
dump(obj, file, protocol = None, * , fix mports = True)
```

其中,各个参数的具体含义如下。

- obj:要转换的 Python 对象。
- file:转换到指定的二进制文件中,要求该文件必须是以 wb 的打开方式进行操作。
- protocol:和 dumps()函数中 protocol 参数的含义完全相同,不再赘述。
- 其他参数:为了兼容 Python 2.x 版本而保留的参数,Python 3.x 可以忽略。

将 tup1 元组和 hi 转换为二进制对象文件。

【例 7.7】 pickle 模块中 dump()代码示例。

```
import pickle
tup1 = ('Success@shnu.edu.cn!!', {1,2,3}, True)
def hi(name):
    print('hello' + name)
with open ("a.txt", 'wb') as f:              # 打开文件
    # 使用 dump()函数将 tup1 转换为 p1
    p1 = pickle.dump(tup1,f)
    # 使用 dump()函数将 hi 转换为 p2
    p2 = pickle.dump(hi,f)       pickle.dump(tup1, f)    # 用 dump()函数将 Python 对象转换
                                                         # 为二进制对象文件
```

运行完此程序后,会在该程序文件同级目录中生成 a.txt 文件,但由于其内容为二进制数据,因此直接打开会看到乱码。

7.4.4 pickle.load()

此函数和 dump()函数相对应,用于将二进制对象文件转换为 Python 对象。该函数的基本语法格式为:

```
load(file, * , fix_imports = True, encoding = 'ASCII', errors = 'strict')
```

其中,file 参数表示要转换的二进制对象文件(必须以 rb 的打开方式操作文件),其他参数只是为了兼容 Python 2. x 版本而保留的参数,可以忽略。

将例 7.7 中产生的二进制文件转换为 Python 对象,并显示数据调用函数。

【例 7.8】 pickle 模块中 load()代码示例。

```
import pickle
tup1 = ('Success@shnu.edu.cn!!', {1,2,3}, True)
def hi(name):
    print('hello' + name)
with open ("a.txt", 'wb') as f:              #打开文件
    # 使用 dump()函数将 tup1 转换为 p1
    p1 = pickle.dump(tup1, f)
    #使用 dump()函数将 hi 转换为 p2
    p2 = pickle.dump(hi, f)
with open ("a.txt", 'rb') as f:              # 打开文件
    t3 = pickle.load(f)                      # 将二进制文件对象转换换为 Python 对象
    t4 = pickle.load(f)
    print(t3)
    t4('from China!!')      print(t3)
```

运行结果:

```
('Success@shnu.edu.cn!!', {1, 2, 3}, True)
hello from China!!
```

7.5 JSON 对象数据的存取

JSON(JavaScript Object Notation,JavaScript 对象表示法)是一种由 Douglas Crockford 设计的轻量级的数据交换语言(RFC 7159),文件扩展名是 .json。该语言易于人阅读和编写,同时也易于机器解析和生成,常用来传输由属性值或者序列性的值组成的数据对象(参见 https://www.json.org/json-en.html)。尽管 JSON 是 JavaScript 的一个子集,但 JSON 是独立于语言的文本格式。JSON 建立在如下两种结构上。

(1) 键值对的集合。在各种计算机语言中,这是作为对象、记录、结构、字典、哈希表、键列表或关联数组实现的。

(2) 值的有序列表。在大多数计算机语言中,这是通过数组、向量、列表或序列实现的。

这两种结构都是通用的数据结构。目前很多编程语言都支持 JSON 格式数据的编码和解析,编程语言互换的数据格式基于这些结构(见表 7.4)。

可以看到,Python 数据类型与 JSON 的数据类型高度相似。

(1) 数字类型、字符串都是完全一样的。

(2) Python 的 True、False、None 对应于 JSON 的小写 true、false、null。

表 7.4　Python 与 JSON 数据类型对应关系

Python 数据类型	JSON 数据类型
dict	object
list，tuple	array
str	string
int，float，int- & float-derived Enums	number
True	true
False	false
None	null

(3) Python 的 list、tuple 对应于 JSON 的 array。

(4) Python 的 dict 对应于 JSON 的 object。

Python 的 json 模块提供了如下函数可以完成数据格式的转换(见表 7.5)。

表 7.5　Python 与 JSON 数据操作函数

序列化的位置	函　数	功　能　说　明
内存	json. dumps()	将 Python 对象序列化成 JSON 格式字符串，并返回字符串
	json. loads()	读取 JSON 格式字符串，并将其转换为 Python 对象
文件	json. dump()	将 Python 的对象序列化成 JSON 格式字符串，并写入文件
	json. load()	读取指定的 JSON 格式数据文件，并返回对象

7.5.1　json. dumps()

可以将 Python 对象使用 json. dumps()方法，将其转换为 JSON 字符串。

【例 7.9】 将一个 Python 对象转换为 JSON 数据格式(字符串)代码示例。

```
import json
# Python 对象(字典)
x = {
  "name": "zhang",
  "age": 33,
  "city": "shanghai"
}
# 转换为 JSON
y = json. dumps(x)
print(type(y))
print(y)
# 结果是 JSON 字符串:
< class 'str'>
{"name": "zhang", "age": 33, "city": "shanghai"})
```

7.5.2 json.loads()

json.loads()函数可以将 JSON 字符串解析,得到 Python 对象。

【例7.10】 将 JSON 数据(字符串)转换为 Python 对象代码示例。

```python
import json

# 一些 JSON 数据
x = '{ "name":"zhang", "age":33, "city":"shanghai"}'

# 解析 x
y = json.loads(x)
print(type(y))
print(y)
```

运行结果:

```
<class 'dict'>
{'name': 'zhang', 'age': 33, 'city': 'shanghai'}
```

7.5.3 json.dump()

通常情况下,JSON 格式的数据保存在文本文件中,下面介绍将 Python 数据转换为 JSON 数据格式,然后写入文件。

【例7.11】 将一个 Python 对象转换为 JSON 数据格式保存到文件代码示例。

```python
import json

# Python 对象(字典)
x = {
    "name": "zhang",
    "age": 33,
    "city": "shanghai"
}

with open("record.json","w") as dump_f:
    json.dump(x,dump_f)
```

运行结束,可以得到 record.json 格式的数据文件。

7.5.4 json.load()

将例7.11得到的 JSON 格式的文件还原成 Python 对象。

【例7.12】 将一个 JSON 格式的文件转换为 Python 对象代码示例。

```
import json
with open("record.json",'r') as load_f:
    load_dict = json.load(load_f)
    print(type(load_dict))
    print(load_dict)
```

运行结果：

```
< class 'dict'>
{'name': 'zhang', 'age': 33, 'city': 'shanghai'}
```

7.6 操作系统相关文件操作

使用 Python 语言自带的 os、globe、pathlib、shutil 等几个模块可以实现文件的复制、转换、重命名，以及创建、删除、重命名、复制、遍历、转换工作目录等常见的操作。由于相关功能函数实在太多，以下仅举几个常用的函数。

1. 遍历文件夹内的文件与目录

方法一：os. listdir( )。

```
import os
os.listdir()
entries = os.listdir('c:/')
['file1.py', 'file2.csv', 'file3.txt'...]
```

os. listdir()返回一个 Python 列表，其中包含 path 参数所指目录的文件和子目录的名称。注意，返回的 list 内的文件名和子目录名均是字符串，无法直接获取文件名，分辨出哪些是文件、哪些是子目录等详细信息。

方法二：os. scandir( )。

使用 os. scandir()同样可以获取上述信息，还可以区分出文件和子目录。

```
import os
with os.scandir('c:/') as entries:
    for entry in entries:
        if entry.is_file():
            print("File: ",entry.name)
        else:
            print("Directory: ",entry.name)
```

方法三：用 pathlib 模块获取目录和文件列表。

```
from pathlib import Path
entries = Path('c:/')
for entry in entries.iterdir():
        if entry.is_file():
            print("File: ",entry.name)
        else:
            print("Directory: ",entry.name)
```

方法四：用 os.walk() 列出目录树中的所有文件和目录。

```
os.walk(top, topdown = True, onerror = None, followlinks = False)
```

生成目录树中的文件名,方式是按上→下或下→上的顺序浏览目录树。对于以 top 为根的目录树中的每个目录(包括 top 本身),它都会生成一个三元组(dirpath, dirnames, filenames)。

```
import os
for dirpath, dirname, files in os.walk('.'):
    print(f'Found directory: {dirpath}')
    for file_name in files:
        print(file_name)
```

可以遍历指定目录下的所有文件。

2. 创建目录 os.makedirs()

```
import os
os.mkdir('c:/ok')
```

创建多级目录：

```
import os
os.makedirs('c:/ok/ok2')
```

3. 删除文件 os.remove()

使用 os.remove() 删除单个文件：

```
import os
data_file = 'c:/ok.txt'
os.remove(data_file)
```

4. 重命名文件或目录 os.rename()

使用 os.rename(src,dst) 可以重命名文件或目录：

```
import os
os.rename('first.zip', 'first_01.zip')
```

5. 文件通配符查找 glob.glob()

可以使用 glob 模块查找文件通配符:

```
import glob
print(glob.glob('*.py'))
```

6. 复制文件或目录 shutil.copy()

shutil.copy()只复制单个文件:

```
import shutil
src = 'path/to/file.txt'
dst = 'path/to/dest_dir'
shutil.copy(src, dst)
```

shutil.copytree()可以复制整个目录及文件。shutil.copytree(src,dest)接收两个参数:源目录、将文件和文件夹复制到的目标目录。

以下是如何将一个文件夹的内容复制到其他位置的示例:

```
import shutil
dst = shutil.copytree('data_1', 'data1_backup')
print(dst)
```

7. 移动文件和目录 shutil.move(src,dst)

要将文件或目录移动到其他位置,可使用 shutil.move(src,dst), src 是要移动的文件或目录,dst 是目标。

```
import shutil
dst = shutil.move('dir_1/', 'backup/')
print(dst) # 'backup'
```

7.7 本章小结

本章主要介绍 Python 文件的读写方法,以及 Python 调用与操作系统相关的模块完成常见的文件查找、复制、删除,目录的创建、遍历和压缩文件的读写等操作。

7.8　习题

（1）编写一个函数，该函数使用 pickle 模块，将数据存储到文件，然后再用 pickle 读取该文件，提取出所编写的函数，并调用该函数。

（2）编写一个遍历查找硬盘上某个文件的程序。

扫码观看

第 8 章

网站数据的获取

网站数据的获取也称为网络爬虫。相关的模块非常多。本章主要介绍最新的 Requests-HTML 模块的使用。

本章的学习目标：

- 掌握 Requests-HTML 模块获取网页与解析方法；
- 能编写简单的网络爬虫。

8.1 Requests-HTML 简介

目前 Python 开发网络爬虫通常使用 requests、urllib 模块来获取网页，然后再配合网页解析模块 pyquery、beautifulsoup4、xpath 等去解析网页，并使用字符串正则表达式来提取所需要的目标数据。由于开发过程往往要同时使用多个 Python 第三方模块，网上教程特别多、特别杂，初学者往往不知所措，不知道该从哪个模块入手。

针对上述问题，Requests-HTML 模块的作者 Kenneth Reitz（见图 8.1）基于现有的框架 PyQuery、Requests、lxml、beautifulsoup4 等库二次封装，于 2019 年初开发并发布了 Requests-HTML 模块。该模块集网页下载、解析为一体。Requests-HTML 其实可以完

图 8.1　Requests-HTML 模块的作者 Kenneth Reitz

全替代 requests 模块来下载网页,对 HTML 文件解析功能也比 BeautifulSoup4 的功能更加强大,而且使用更为简捷(参见 https://requests.readthedocs.io/projects/requests-html/en/latest/)。另外,Requests-HTML 全面支持 JavaScript、CSS 选择器、XPath 选择器,可以模拟(user_agent)浏览器访问、自动跟随与重定向,支持连接池和 Cookie 持久性,并提供了异步访问网站的支持。Requests-HTML 的安装比较简单,使用如下命令即可:

```
pip install – U Requests – HTML
```

8.1.1　网页的获取

Requests-HTML 支持 HTTP 协议中的 get()、post()、head()、put()、delete()等方法,它与 HTTP 服务器交互的状态是通过构造一个 HTMLSession 对象来实现的,通过HTMLSession 对象调用 HTTP 协议相关命令请求,即可完成对网页的请求。

* get(url, ∗∗ kwargs):发送 HTTP 的 get()请求,返回 Response 对象。

参数说明:

* url:新的请求对象的 URL。
* ∗∗ kwargs:request 携带的参数(可选)。
* 返回类型:requests.Response。

使用该函数下载网页非常简单,只需构造一个 HTMLSession 对象,将其用于构造HTTP 的请求,然后使用该对象的 get()方法与服务器交互,即可获取网页。

【例 8.1】　下载 http://www.baidu.com 主页到本地 a.html 文件。

```
from requests_html import HTMLSession
session = HTMLSession()
url = 'http://www.baidu.com'
fileName = 'a.html'
with session.get(url) as r,open(fileName,'w',encoding = 'utf – 8') as f:
    f.write(r.text)
    print(r.text)
```

* post(url, data＝None, json＝None, ∗∗ kwargs):发送一个 HTTP 协议的 post()请求,返回一个 Response 对象。

参数说明:

* url:新的请求对象的 URL。
* data:被包含在请求对象中,可以是字典、字节、文件(可选参数)。
* json:被包含在请求对象中,可以是 JSON(可选参数)。
* ∗∗ kwargs:request 携带的参数(可选)。
* 返回类型:Response。

【例 8.2】　自动枚举显示网页中所有的链接列表或集合。

以下代码首先创建一个 Session 对象,然后使用该对象直接获取 www.shnu.edu.cn页面所有链接,然后显示每个链接的 URL 地址。

```
from requests_html import HTMLSession
session = HTMLSession()
r = session.post('https://www.shnu.edu.cn')
# 获取网页中所有链接列表(list)
print(r.html.links)
# 获取网页内所有绝对 URL 链接集合(set)
for link in r.html.absolute_links:
    print(link)
```

8.1.2 网页的解析与元素查找

通过例 8.1 获取的网页内容,可以使用 HTML 对象的 find()方法,对网页内容进行解析并查找所需元素。

```
find(selector: str = '*', *, containing: Union[str, List[str]] = None, clean: bool =
False, first: bool = False, _encoding: str = None)
```

参数说明:
- selector:CSS 选择器。
- containing:如果指定,则只会返回包含指定文本的 Element 对象。
- clean:对找到的< script >和< style >是否进行处理。
- first:是否只返回第一个结果。
- _encoding:编码格式。

CSS 选择器示例:

```
a
a.someClass
a#someID
a[target=_blank]
```

8.2 网页爬虫案例

8.2.1 爬取网页特定内容

【例 8.3】 爬取上海师范大学主页 http://www.shnu.edu.cn(见图 8.2)的公告栏内容。

首先查找 CSS 元素。使用 Chrome 打开 http://www.shnu.edu.cn 主页,在网页上选定"通知公告"目标文字,右击,在弹出的快捷菜单中选择"检查"命令,进入 Chrome 网页调试页面,查找与"通知公告"对应的 CSS 元素 dvi#wp_news_w21(见图 8.3)。

```
from requests_html import HTMLSession
session = HTMLSession()
```

图 8.2 上海师范大学主页 http://www.shnu.edu.cn

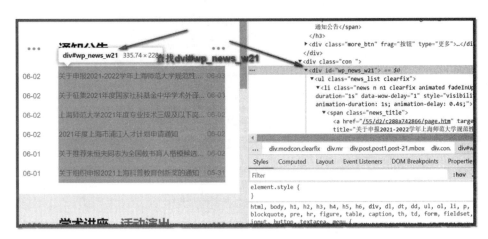

图 8.3 查找上海师范大学主页 http://www.shnu.edu.cn 中的 CSS 元素

```
site = session.get('http://www.shnu.edu.cn/')
public_notice_items = site.html.find('div#wp_news_w21')


for public_notice_item in public_notice_items:
    public_notice_list = public_notice_item.find('a')
    for item in public_notice_list:
        print(item.text)
```

运行结果:

```
* * * * * * * * * * * * * * * * * * * * *
关于申报 2021—2022 学年上海师范大学规范性…
关于征集 2021 年度国家社科基金中华学术外译…
上海师范大学 2021 年度专业技术三级及以下岗…
2021 年度上海市浦江人才计划申请通知
关于推荐朱恒夫同志为全国教书育人楷模候选…
关于组织申报 2021 上海科普教育创新奖的通知
```

8.2.2　爬取百度热搜榜

【例8.4】　爬取百度热搜 http://top.baidu.com/（见图8.4）内容。

图8.4　百度热搜 http://top.baidu.com/

查找与"实时热点"对应的 CSS 元素 div.tab-box（见图8.5）。

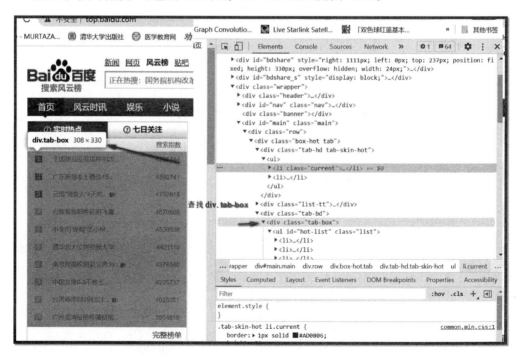

图8.5　查找百度热搜 http://top.baidu.com/ 中"实时热点"对应的 CSS 元素

```
from requests_html import HTMLSession
session = HTMLSession()
site = session.get('http://top.baidu.com/')
top_item = site.html.find("div.tab_box",first = True)
top_list = top_item.find('a')
for i in top_list)
    print item.text
```

运行结果：

```
全国新冠疫苗接种剂次..
广东新增本土确诊 15..
云南"堵象人"4 天吃..
台旅客持阳性证明飞厦..
中奖的"锦鲤"信小呆..
清华北大位列亚洲大学..
南京胖哥收到见义勇为..
中国女排 0 - 3 不敌土..
台湾新增 583 例本土..
广州荔湾疫情传播链增..
完整榜单
```

8.2.3　爬取有规律的系列数据

上海地铁线路数据页面 http://service.shmetro.com/axlcz01/index.htm 如图 8.6 所示。

图 8.6　上海地铁线路页面 http://service.shmetro.com/axlcz01/index.htm

分析上海市地铁线,可发现有 1~13 号线、16 号线、17 号线、浦江线共 16 条地铁线。地铁线的 URL 地址非常有规律,按照 http://service.shmetro.com/axlcz 地铁线/index.htm 链接展示。对应的网页中的 CSS 元素位置也非常有规律,可以通过'♯content > div.left > div.left_area > div > div > div.app_detial > div > div.linehow' 查找到(见图 8.7)。

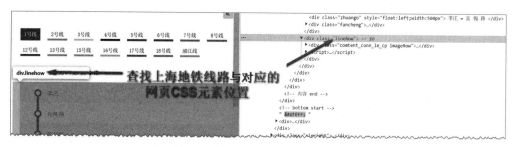

图 8.7　查找上海地铁线路与对应的网页 CSS 元素

```
import pandas as pd
from requests_html import HTMLSession
def get_lines():
    '''构建 地铁线路 dict {'线路',URLstr}
    '''
    # 地铁线路 1~18 号线,没有 14、15 号线,增加 41 号线浦江线
    subway_number_list = list(range(1,19)) + [41]
    subway_number_str_list = list(map(lambda x: str(x).rjust(2, '0'), subway_number_list))
    url_head = 'http://service.shmetro.com/axlcz'
    url_tail = '/index.htm'
    subway_url_dict = dict(map(lambda x:(x,url_head + x + url_tail), subway_number_str_list))
    # 将 41 号线改名为浦江线
    subway_url_dict['浦江线'] = subway_url_dict.pop('41')
    return subway_url_dict


def get_stations(line):
    ''':line
        从地铁线取得该线上的所有站点
    '''
    r = session.get(line)
    line_html = r.html.find('♯content > div.left > '
                            'div.left_area > div >'
                            'div > div.app_detial >'
                            'div > div.linehow',
                            first = True)
    # 获取车站列表
    stations_html = line_html.find('a')
    stations = [i.text for i in stations_html]
    line = line[:line.index('网络示意图')]
    return stations
if __name__ == "__main__":
    df = pd.DataFrame()
```

```python
session = HTMLSession()
lines = get_lines()
for line in lines.keys():
    df[line] = pd.Series(get_stations(lines[line]))
df.to_excel('shanghai_subway_lines.xlsx')
print(df)
```

爬取结果如图 8.8 所示。

	01	02	03	04	05	06	07	08	09	10	11	12	13	16	17	浦江线
0	莘庄	徐泾东	上海南站	上海体育	莘庄	东方体育	美兰湖	沈杜公路	松江南站	航中路	花桥	金海路	金运路	龙明路	虹桥火车	沈杜公路
1	外环路	虹桥火车	石龙路	宜山路	春申路	灵岩南路	罗南新村	联航路	醉白池	紫藤路	光明路	申江路	金沙江西	华宁中路	诸光路	三鲁公路
2	莲花路	虹桥2号航	龙漕路	银都路	上南路	潘广路	江月路	松江体育	龙柏新村	兆丰路	金京路	丰庄	罗山路	蟠龙路	闵瑞路	
3	锦江乐园	淞虹路	漕溪路	延安西路	顾桥	华夏西路	刘行	浦江镇	松江新城	虹桥火车	安亭	杨高北路	祁连山南	周浦东	徐盈路	浦航路
4	上海南站	北新泾	宜山路	中山公园	北桥	高青路	顾村公园	芦恒路	松江大学	虹桥2号航	上海汽车	巨峰路	真北路	鹤沙航城	淞沪路	东城一路
5	漕宝路	威宁路	虹桥路	金沙江路	剑川路	东明路	祁华路	凌兆新村	洞泾	虹桥1号航	昌吉东路	东陆路	大渡河路	航头东	嘉松中路	汇臻路
6	上海体育	娄山关路	延安西路	曹杨路	东川路	高科西路	上海大学	东方体育	佘山	上海动物	上海赛车	复兴岛	金沙江路	新场	赵巷	
7	徐家汇	中山公园	中山公园	镇坪路	金平路	临沂新村	南陈路	杨思	泗泾	龙溪路	嘉定北	爱国路	隆德路	野生动物	汇金路	
8	衡山路	江苏路	金沙江路	中潭路	华宁路	上海儿童	上大路	成山路	九亭	水城路	嘉定西	隆昌路	武宁路	惠南	青浦新城	
9	常熟路	静安寺	曹杨路	上海火车	蓝村路	场中路	蟠华路	中春路	伊犁路	白银路	宁国路	长寿路	惠南东	青浦区		
10	陕西南路	南京西路	镇坪路	宝山路	闵行开发	浦电路	大场镇	中华艺术	七宝	宋园路	嘉定新城	江浦公园	江宁路	书院	淀山湖大道	
11	黄陂南路	人民广场	中潭路	海伦路	江川路	世纪大道	行知路	西藏南路	星中路	虹桥路	交通大学	南翔	提篮桥	自然博物	滴水湖	东方绿舟
12	人民广场	上海火车	临平路	西渡	源深体育	大华三路	合川路	交通大学		南翔	大连路		临港大道	朱家角		
13	新闸路	陆家嘴	宝山路	大连路	萧塘	民生路	新村路	老西门	漕河泾开	上海图书	桃浦新村	国际客运	南京西路			
14	汉中路	东昌路	东宝兴路	杨树浦路	奉浦大道	北洋泾路	凤桥路	大世界	桂林路	武威路	淮海中路					
15	上海火车	世纪大道	虹口足球	浦东大道	环城东路	德平路	镇坪路	人民广场	宜山路	新天地	祁连山路	曲阳路	新天地			
16	中山北路	上海科技	赤峰路	世纪大道	望园路	云山路	长寿路	曲阜路	徐家汇	老西门	李子园	世博会博物馆				
17	延长路	龙阳路	大柏树	浦电路	金海湾	金桥路	昌平路	嘉善路	龙漕路	南京东路	陕西南路	世博大道				
18	上海马戏	张江高科	江湾镇	蓝村新城	奉贤新城	博兴路	静安寺	西藏北路	嘉善路	南京东路	真如	陕西南路	世博大道			
19	汶水路	金科路	殷高西路	外环东路	打浦桥	天潼路	常熟路	虹口足球	天潼路	汉中路						
20	彭浦新村	金科路	长江南路	南浦大桥	巨峰路	肇嘉浜路	曲阳路	马当路	四川北路	曹杨路	大木桥路	成山路				
21	共康路	广兰路	淞发路	西藏南路	东靖路	龙华中路	四平路	陆家浜路	海伦路	隆德路	龙华中路	东明路				
22	通河新村	唐镇	张华浜	鲁班路	五洲大道	龙华路	鞍山新村	小南门	邮电新村	江苏路	龙华	华鹏路				
23	呼兰路	创新中路	淞滨路	大木桥	洲海路	后滩	江浦路	商城路	四平路	交通大学	龙漕路	下南路				
24	共富新村	华夏东路	水产路	外高桥保	长清路	黄兴路	世纪大道	同济大学	徐家汇	漕宝路	北蔡					
25	宝安公路	川沙	宝杨路	上海体育场	航津路	耀华路	延吉中路	杨高中路	国权路	上海游泳	桂林公园	陈春路				
26	友谊西路	凌空路	友谊路	外高桥保	云台路	黄兴公园	芳甸路	五角场	龙华	虹梅路	莲溪路					
27	富锦路	远东大道	铁力路	港城路	高科西路	翔殷路	蓝天路	江湾体育	云锦路	虹梅路	华夏中路					

图 8.8　爬取的上海地铁各条线路的 Excel 表格

8.3　本章小结

通过本章的学习，我们已经掌握了 requests 和 Request-HTML 模块的使用，可以根据要求爬取网页中所特定的内容。

8.4　习题

（1）爬取 http://news.sohu.com/主页新闻标题。

（2）爬取 http://www.shnu.edu.cn 主页"学术园地"标题内容。

（3）分析下列上海师范大学班车信息 http://www.shnu.edu.cn/jgbc/list.htm 爬取代码。

```python
from requests_html import HTMLSession
import pandas as pd
```

扫码观看

```python
def get_bus_info():
    session = HTMLSession()
    site = session.get('http://www.shnu.edu.cn/jgbc/list.htm')
    # 获取班车表格
    bus_table = site.html.find('#wp_content_w6_0 > table > tbody', first = True)
    # 获取班车表格中的每项数据列表
    bus_data = bus_table.find('td')
    # 获取数据名称
    x = [i.text for i in bus_data]
    # 过滤掉不需要的数据,仅保留发车时间,路线
    bus_info = [i for i in x if ':' in i and '坐满即放' not in i or '→' in i]
    time1 = bus_info[::2]
    route = bus_info[1::2]
    return time1, route


if __name__ == '__main__':
    df = pd.DataFrame()
    time1, route = get_bus_info()
    df['time'] = time1
    df['route'] = route
    df.to_excel('bus.xlsx')
    print(df)
```

第 9 章

文本数据的处理

在数据处理与分析过程中,要面临大量的文本数据处理,文本数据可以作为字符串来处理。Python 内置的字符串 str 类虽然提供了许多函数,但是这些函数远远不能满足对复杂文本数据检索与处理的需求。本章介绍 Python 的正则表达式、中文分词,以及词云的制作等文本数据可视化技术。

本章的学习目标:

* 掌握 Python 正则表达式对字符串的匹配、获取、分隔、替换等操作;
* 掌握中文文本分词、词云的文本数据可视化方法;
* 了解中文情感分析 SnowNLP 的方法。

9.1　正则表达式简介

正则表达式(regular expression)是一种模式匹配语言。正则表达式最早在 1987 年作为 Perl 语言的基础出现,此后大部分计算机中的正则表达式的支持都参考 Perl 相关设计(如 Python、Java、Ruby、.NET、PHP 等),主要是为了解决用单个字符串(正则表达式字符串)来描述、匹配一系列符合某个句法规则的字符串,用来检索和/或替换那些符合某个模式的文本内容。示例如图 9.1 所示。

正则表达式就是在运行字符串搜索时的格式(或者指令),它由一些字母和数字组合而成。正则表达式也可被看成一种轻量级、简洁、适用于特定领域文本处理的编程语言。

(1)每一个正则表达式,都可以分解为一个指令序列。例如,"先找到这样的字符,再找到那样的

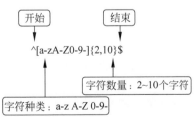

图 9.1　正则表达式示例

字符,再从中找到一个字符……"。

(2) 每一个正则表达式都有输入(文本)和输出(匹配规则的输出,有时是修改后的文本)。

提示: Java、Python 语言中的正则表达几乎一样。

9.2　正则表达式的组成

正则表达式由普通字符、特殊字符和元字符构成。

1. 普通字符

普通字符包括如下几种。

(1) a~z、A~Z、0~9 和空格等。

(2) 任何非特殊字符的字符,如中文。

(3) 各种字节(以字节为单位,如\ude00)。

2. 特殊字符

特殊字符包括如下几种。

(1) [\b]: 退格字符。

(2) \c: 一个控制字符。

(3) \d: 任意数字字符。

(4) \D: \d 的反义字符。

(5) \f: 换页符。

(6) \n: 换行符。

(7) \r: 回车符。

(8) \s: 空格字符。

(9) \S: \s 的反义字符。

(10) \t: 制表符。

(11) \v: 垂直制表符。

(12) \w: 匹配任意字母数组或下画线字符。

(13) \W: \w 的反义字符。

(14) \x: 匹配十六进制数字。

(15) \O: 匹配八进制数字。

3. 元字符

元字符表示正则表达式功能的最小单位,元字符又分基本元字符、数量元字符、位置元字符。

1) 基本元字符

(1) .: 匹配任意单个字符。

(2) |：逻辑或操作。

(3) []：匹配字符集合中的一个字符。

(4) [^]：对字符集求非。

(5) -：定义一个区间，如[a-z]。

(6) \：对字符进行转义。

2）数量元字符

(1) {m,n}：匹配前一个字符(子表达式)m～n 次。

(2) {n,}：匹配前一个字符(子表达式)至少 n 次。

(3) {n}：匹配前一个字符(子表达式)n 次。

(4) +：与{1,n}等效。

(5) *：与{0,n}等效。

(6) ?：与{0,1}等效。

3）非贪心数量元字符

上述数量元字符后面跟上"?"字符，代表尽可能少重复。

(1) {m,n}()?：匹配前一个字符(子表达式)m～n 次，尽可能少重复。

(2) {n,}()?：匹配前一个字符(子表达式)至少 n 次，尽可能少重复。

(3) {n}()?：匹配前一个字符(子表达式)n 次，尽可能少重复。

(4) +()?：与{1,n}等效，尽可能少重复。

(5) *()?：与{0,n}等效，尽可能少重复。

(6) ??：与{0,1}等效，尽可能少重复。

4）位置元字符

(1) ^：匹配一行的开始。

(2) $：匹配一行的结束。

(3) \A：匹配字符串的开始。

(4) \Z：匹配字符串的结尾。

(5) <：匹配单词的开始。

(6) >：匹配单词的结束。

(7) \b：匹配单词的边界(开头或结尾)。

(8) \B：\b 的反义字符。

5）回溯引用和前后查找

(1) ()：定义一个字表达式。

(2) ?=：向前查找。

(3) ?<=：向后查找。

(4) ?!：负向前查找。

(5) ?<!：负向后查找。

(6) ?()|：条件(if then)。

(7) ?()|：条件(if then …else …)。

(8) \1：匹配第一个子表达式，\n 匹配第 n 个子表达式。

---

6)大小写转换

(1) \E：结束\L or \U 转换。

(2) \l：把下一个字符转换为小写。

(3) \L：把后面的字符转换为小写，直到遇到\E。

(4) \u：把下一个字符转换为大写。

(5) \U：把后面的字符转换为大写，直到遇到\E。

7)模式匹配

(?m)：分行模式匹配。

4. 常用正则表达式

(1) 正整数：^\d+ $。

(2) 电话号码：^+?[\d\s]{3,} $。

(3) 用户名：^[\w\d_.]{4,16} $。

(4) 字母、数字字符：^[a-zA-Z0-9]* $。

(5) 带空格的字母、数字字符：^[a-zA-Z0-9]* $。

(6) 密码：^(?=^.{6,} $)((?=.*[A-Za-z0-9])(?=.*[A-Z])(?=.*[a-z]))^.* $。

(7) 电子邮件：^([a-zA-Z0-9._%-]+@[a-zA-Z0-9.-]+\.[a-zA-Z]{2,4}) * $。

9.3 Python 正则表达式

Python 中自带的 re 模块提供了与 Perl 语言类似的正则表达式匹配操作。Python 的 re 模块可以处理 Unicode 字符串和 8 位字节串(B)，但是，Unicode 字符串与 8 位字节串不能混用，即不能用一个字节串去模式匹配 Unicode 字符串，反之亦然；类似地，当进行替换操作时，替换字符串的类型也必须与所用的模式和搜索字符串的类型一致。

Python 正则表达式可以完成字符串的四类操作(见图 9.2)。

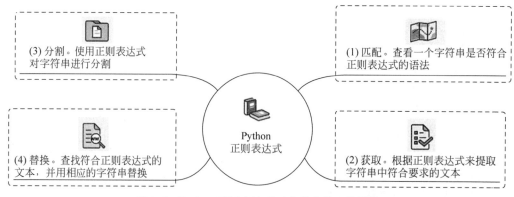

图 9.2　Python 正则表达式对字符串的四类操作

(1) 匹配。查看一个字符串是否符合正则表达式的语法。

(2) 获取。根据正则表达式来提取字符串中符合要求的文本。

（3）分割。使用正则表达式对字符串进行分割。

（4）替换。查找符合正则表达式的文本，并用相应的字符串替换。

Python 的正则表达式 re 模块提供了 Match 和 Pattern 两个类。

（1）Pattern：正则表达式对象，用于运行正则表达式相关操作的实体。

（2）Match：正则表达式匹配对象，用于存放正则表达式匹配的结果并提供用于获取相关匹配结果的方法。

9.3.1　Pattern 对象相关函数

Pattern 对象由 re 模块的 compile() 函数编译得到。首先，编写正则表达式字符串，然后使用 re.compile() 函数编译该字符串，获得一个正则表达式对象——Pattern 对象 p（对象名任意），即可进行字符串的匹配、查找、替换、分隔等操作。

1. 匹配操作

- p.match(string[,pos[,endpos]])。

该函数对 string 字符串的起始位置匹配对应的正则表达式，如果有 0 个或更多个字符被匹配，则返回相应的匹配对象，如果没有匹配字符则返回 None。

- p.fullmatch(string[,pos[,endpos]])。

上述函数中，如果整个 string 字符串与该正则表达式对象相匹配，则返回相应的匹配对象，否则返回 None。

【例 9.1】 正则表达式匹配字母字符串示例。

```
>>> import re
>>> p = re.compile(r'[a-z]+')
>>> p.match('test001')
<re.Match object; span=(0, 4), match='test'>
>>> p.fullmatch('test001')
>>>
```

提示：可以使用在线工具来测试正则表达。网址为 http://www.pyregex.com/。

2. 查找操作

- p.search(string[,pos[,endpos]])。

该函数扫描整个 string 字符串，查找正则表达式对象可以匹配的子串第一次出现的位置，并返回相应的匹配对象，如果没有匹配的内容则返回 None。

- p.findall(string[,pos[,endpos]])。

该函数搜索 string 字符串中与正则表达式匹配的所有子串，以列表形式返回。

- p.finditer(string[,pos[,endpos]])。

该函数搜索 string 字符串中与正则表达式匹配的所有子串，以迭代器形式返回。

【例 9.2】 演示正则表达式查找数字字符串。

```
>>> import re
>>> s = 'this is 3 books, it is worth $ 4.0 each'
>>> p = re.compile(r'[\d] + ')
>>> p.search(s)
< re.Match object; span = (9, 10), match = '3'>
>>> p.findall(s)
['3', '4', '0']
>>> for i in p.finditer(s):
    print(i)

< re.Match object; span = (9, 10), match = '3'>
< re.Match object; span = (31, 32), match = '4'>
< re.Match object; span = (33, 34), match = '0'>
>>>
```

3. 替换操作

- p.sub(repl,string,count=0)。用 repl 替换 string 字符串中与正则表达式匹配的 count 个子串,返回替换修改后的字符串。
- p.subn(repl,string,count=e)。同 sub,只是它除了返回替换后的字符串外,还会返回替换次数。

【例9.3】 演示正则表达式替换操作字符串。

```
>>> p.sub('99',s)
'\nthis is 99 books, it is worth $ 99.99 each\n'
>>>
>>> p.sub('88',s,count = 1)
'\nthis is 88 books, it is worth $ 4.0 each\n'
>>>
```

4. 分隔操作

- p.split(string,maxsplit)。以正则表达式匹配的字符串作为分隔符,对一个字符串 string 进行分隔,以列表形式返回分隔后的各个字符串。

【例9.4】 演示正则表达式字符串分隔操作。

```
>>> p.split(s)
['\nthis is ', ' books, it is worth $ ', '.', ' each\n']
>>>
```

5. 其他属性

- p.pattern。这是一个属性,通过 re.compile(pattern,flags)函数编译得到当前正则表达式对象时所指定的模式字符串参数 pattern 的值。
- p.flags。这是一个属性,表示通过 re.compile(pattern,flags)函数编译得到当前

正则表达式对象时所指定的 flags 参数值。

- p. groups。这是一个属性,表示当前正则表达式对象中指定的匹配组的数量。
- p. groupindex。这是一个属性,它的值是一个字典对象,其存放的是"命名分组的分组名"与"该分组数量"的对应关系,如果正则表达式模式中没有命名分组,则该属性的值为一个个空字典。

标志位 flags 的参数如表 9.1 所示。

表 9.1 标志位 **flags** 的参数

状态名称	说 明
re. A	ASCII 字符,使得\w、\W、\b、\B、\s 和\S 只匹配 ASCII 字符,而不匹配完整的 Unicode 字符。这个标志仅对 Unicode 模式有意义,并忽略字节模式
re. I	IGNORECASE,字符类和文本字符串在匹配的时候不区分大小写
re. L	LOCALE,使得\w、\W、\b 和\B 依赖当前的语言(区域)环境,而不是 Unicode 数据库
re. M	MULTILINE,通常^只匹配字符串的开头,而 $ 则匹配字符串的结尾。当这个标志被设置时,^不仅匹配字符串的开头,还匹配每一行的行首;& 不仅匹配字符串的结尾,还匹配每一行的行尾
re. S	DOTALL,使.匹配包括换行符在内的所有字符
re. X	VERBOSE,这个标志使正则表达式可以写得更好看和更有条理,允许在正则表达式字符串中使用注释,♯ 符号后边的内容是注释,不会传递给匹配引擎(除了出现在字符类中和使用反斜杠转义的♯)

9.3.2 Match 对象相关函数

- match. expand(template)。该方法可用于通过得到的匹配对象来构造并返回一个新的字符串。template 是一个字符串,用于指定新字符串的格式。
- match. group([group 1,...])。该方法将返回一个或多个指定捕获组所匹配到的内容。如果只有一个参数,则返回值是一个单独的字符串;如果有多个参数,则返回值是包含每一个指定分组所对应的匹配字符串的元组;如果不指定任何参数,则 group 1 默认为 0,将返回整个正则表达式所匹配的内容。
- match. groups(default=None)。该方法返回一个包含所有分组中匹配内容的元组。如果某个分组没有匹配到内容,则取 default 所指定的值。
- match. groupdict(default=None)。该方法返回一个包含所有命名分组名称及其所匹配内容的字典对象。如果某个分组没有匹配到内容,则取 default 所指定的值。
- match. start。匹配字符串的起始位置,如果没有匹配到则返回-1。
- match. end。匹配字符串的结束位置,如果没有匹配到则返回-1。
- match. span([group])。该方法的返回值是 match. start 与 match. end 这两个方法的返回值所组成的一个元组(m. start(group),m. end(group))。
- match. re。通过调用自己的 match()或 search()方法产生当前匹配对象的正则表达式对象。

- match. string。传递给正则表达式对象的函数 match()或 search()的参数字符串的值。
- match. pos。传递给正则表达式对象的函数 match()或 search()方法的 pos 参数的值。
- match. endpos。传递给正则表达式对象的函数 match()或 search()方法的 endpos 参数的值。
- match. lastindex。表示最后一个匹配成功的捕获组的索引值,如果没有分组匹配成功,则返回 None。
- match. lastgroup。表示最后一个匹配成功的命名组的名字,如果没有分组匹配成功,则返回 None。

【例 9.5】 演示正则字符串查找。

```
import re
p = re.compile(r'\w + ble')
>>> s = "Don't 1trouble 2trouble,till 3trouble 4troubles you"
>>> for m in p.finditer(s):
    print(m.start(),m.end(),m.group(),m.groupdict())

6 14 1trouble {}
15 23 2trouble {}
29 37 3trouble {}
38 46 4trouble {}
```

9.3.3 re 模块相关函数

re 模块级别的函数除了 re. compile()、re. purge()和 re. escape()外,其他函数名都与正则表达式对象支持的方法同名。实际上 re 模块的这些函数都是对正则表达式对象相应方法的封装,功能是相同的,只是少了对 pos 和 endpos 参数的支持,但是可以手动通过字符串切片的方式来达到相应的需求。

1. 匹配操作

- re. match(pattern,string,flags=0)。
- re. fullmatch(pattern,string,flags=0)。

2. 查找操作

- re. search(pattern,string,flags=0)。
- re. findall(pattern,string,flags=0)。
- re. finditer(pattern,string,flags=0)。

3. 替换操作

- re. sub(pattern,repl,string,count=0,flags=0)。

- re. subn(pattern,repl,string,count＝0,flags＝0)。

4．分隔操作

- re. split(pattern,string,max split＝0,flags＝0)。

5．其他操作

- re. compile(pattern,flags＝0)。
- re. purge()。清空正则表达式缓存。
- re. escape(string)。在一个字符串中所有的非字母数字字符前加上反斜杠进行转义。

注意，re. match()函数仅是在字符串的开始位置进行匹配检测；re. search()函数会在字符串的任意位置进行匹配检测。

【例 9.6】 正则表达式字符串查找代码示例。

```
import re
string = 'abcdef'
print(re.match(r'c', string))
print(re.search(r'c', string))
```

输出结果：

```
None
<_sre.SRE_Match object; span = (2, 3), match = 'c'>
text = "He was carefully disguised but captured quickly by police."
print(re.findall(r"\w + ly", text))
```

输出结果：

```
['carefully', 'quickly']
```

9.4 文本数据处理

9.4.1 中文文本分词

在英文的行文中，单词之间是以空格作为自然分界符的，而中文只是字、句和段能通过明显的分界符来简单划界，中文字与词之间没有一个形式上的分界符，中文比英文要复杂得多、困难得多。中文分词就是将连续的字序列按照一定的规范重新组合成词序列的过程。目前常见的中文分词库有 jieba。jieba 的安装命令如下：

```
pip install  - U jieba
```

1. 中文分词 jieba 简介

jieba(结巴,参见 https://github.com/fxsjy/jieba)是 Python 的中文分词库,主要用于中文分词处理。它支持中文简体、繁体编码的文本分词,还支持用户自定义分词字典。

jieba 支持的四种分词模式如图 9.3 所示。

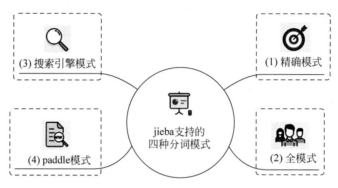

图 9.3　jieba 支持的四种分词模式

（1）精确模式。试图将句子最精确地切开,适合文本分析。

（2）全模式。把句子中所有的可以成词的词语都扫描出来,速度非常快,但是不能解决歧义。

（3）搜索引擎模式。该模式在精确模式的基础上,对长词再次切分,提高召回率,适合用于搜索引擎分词。

（4）paddle 模式。利用 PaddlePaddle 深度学习框架(需安装 paddlepaddle-tiny),训练序列标注(双向 GRU)网络模型实现分词,同时支持词性标注。在使用 paddle 模式时,需要通过 pip install paddlepaddle-tiny＝＝1.6.1 安装。这种模式可能与最新的 Python 版本不兼容,因此可能安装失败。

2. jieba 的使用

可以使用 jieba.cut()、jieba.lcut()、jieba.cut_for_search()函数进行分词。以下通过对字符串"小川一郎来到了中国银行办理信用卡"分词,演示 jieba 的前三种分词模式的使用。

【例 9.7】　jieba 的三种中文分词模式演示。

```
import jieba
content = "小川一郎来到了中国银行办理信用卡"
seg_list = jieba.cut(content, cut_all = False)
print("精准模式(默认): " + "/".join(seg_list))
seg_list = jieba.cut(content, cut_all = True)
print("全模式: " + "/ ".join(seg_list))
seg_list = jieba.cut_for_search(content)
print("搜索引擎模式: " + "/".join(seg_list))
```

三种模式的分词结果：

(1). 精准模式(默认)：小川/一郎/来到/了/中国银行/办理/信用卡
(2). 全模式：小川/ 一/ 郎/ 来到/ 了/ 中国/ 中国银行/ 银行/ 银行/ 办理/ 信用/ 信用卡
(3). 搜索引擎模式：小川/ 一郎/ 来到/ 了/ 中国/ 银行/ 中国银行/ 办理/ 信用/ 信用卡

可以看到,不同的分词模式得到的分词集是不同的,其中精准模式最接近所需要的分词结果。但是"小川一郎"是一个名字,却被分词成了"小川""一郎"两个词,这并不是正确结果。解决该问题可以使用 jieba 用户字典。

3. jieba 用户字典的使用

jieba 的用户字典非常简单,只需要建立一个文本文件,文本的每一行分为 3 列(空格分开),分别为：一个用户添加的词、词频(可选)和词性(可选)。

词频指词出现的频率,用户可以根据情况填写一个估计值,或者不填写；词性是词的属性(见表 9.2)。

表 9.2 jieba 词性标签对照表

标签	含义	标签	含义	标签	含义	标签	含义
n	普通名词	f	方位名词	s	处所名词	t	时间
nr	人名	ns	地名	nt	机构名	nw	作品名
nz	其他专名	v	普通动词	vd	动副词	vn	名动词
a	形容词	ad	副形词	an	名形词	d	副词
m	数量词	q	量词	r	代词	p	介词
c	连词	u	助词	xc	其他虚词	w	标点符号
PER	人名	LOC	地名	ORG	机构名	TIME	时间

定义用户字典 userdict.txt,如：

小川一郎　3　n

只需要在 jieba 分词之前加入：

jieba.load_userdict("userdict1.txt")

或者动态加入：

jieba.add_word('小川一郎')

动态删除：

del_word(word),

可在程序中动态修改字典。

【例 9.8】 使用 jieba 用户字典的代码示例。

```
import jieba
jieba.load_userdict("userdict1.txt")
```

```
content = "小川一郎来到了中国银行办理信用卡"
seg_list = jieba.cut(content, cut_all = False)
print("精准模式(默认): " + "/".join(seg_list))
seg_list = jieba.cut(content, cut_all = True)
print("全模式: " + "/ ".join(seg_list))
seg_list = jieba.cut_for_search(content)          # 搜索引擎模式
print("搜索引擎模式: " + "/ ".join(seg_list))
```

添加用户字典后的运行结果如下,可以看到已经正确识别出名字"小川一郎"了。

```
(1). 精准模式(默认): 小川一郎/来到/了/中国银行/办理/信用卡
(2). 全模式: 小川/ 小川一郎/ 来到/ 了/ 中国/ 中国银行/ 银行/ 办理/ 信用/ 信用卡
(3). 搜索引擎模式: 小川/ 小川一郎/ 来到/ 了/ 中国/ 银行/ 中国银行/ 办理/ 信用/ 信用卡
```

另外,还可以使用 jieba 进行基于 TF-IDF 算法的关键词抽取,即针对一段文本字符串,提取出该段文本的关键词。格式如下:

```
import jieba.analyse
```

例如:

```
jieba.analyse.extract_tags(sentence, topK = 20, withWeight = False, allowPOS = ())
```

- sentence 为待提取的文本。
- topK 为返回几个 TF/IDF 权重最大的关键词,默认值为 20。
- withWeight 为是否一并返回关键词权重值,默认值为 False。
- allowPOS 仅包括指定词性的词,默认值为空,即不筛选。

```
print(jieba.analyse.extract_tags(content))
['小川一郎', '信用卡', '中国银行', '办理', '来到']
```

9.4.2 词云

词云(wordcloud)是文本数据可视化的常见的方式,它将大段文本中的关键语句和词汇高亮展示。词云广泛应用于海报制作、PPT 制作、文本分析等。

1. 词云的安装

使用 pip 工具(pip install wordcloud imageio jieba),也可以到 http://www.lfd.uci.edu/~gohlke/pythonlibs/ #wordcloud 下载离线版后,再使用 pip 工具进行离线安装。

2. 词云简单代码示例

词云的使用方法非常简单。
(1) 创建 WordCloud 对象。使用词云模块中的 WordCloud 类创建一个对象:

```
w = wordcloud.WordCloud(width = 800, height = 600, background_color = 'white', font_path = 'msyh.ttc')
```

参数如下。

- width：词云图片宽度，默认为 400 像素。
- height：词云图片高度 默认为 200 像素。
- background_color：词云图片的背景颜色，默认为黑色。
- font_path：指定字体路径，默认为 None，对于中文可用 font_path= 'msyh. ttc'。

注意，对于中文一定要指明词云所使用的中文字体名称，如 msyh. ttc，否则无法正常显示中文。

（2）创建词云图对象。将文本字符串传递给 w. generate(content) 函数。

（3）将词云图写入文件。调用 w. to_file('result. ')写入图片文件。

【例 9.9】 根据原始字符串内容生成词云图。

```
import wordcloud

w = wordcloud.WordCloud(width = 800,
                        height = 600,
                        background_color = 'white',
                        font_path = 'msyh.ttc')
content = """
新冠肺炎疫情正在美国各州蔓延,美国总统特朗普期望美国经济能够在复活节到来前得到"重
启"。这一言论受到了民主党总统候选人、前副总统拜登的批评,拜登在接受采访时对特朗普的言
论评价道:"如果你想长期破坏经济,那就让这(疫情)再度暴发吧。我们现在甚至还没有减缓疫
情增长的趋势,听到总统这样说真是令人失望。他还是不要再说话了,多听专家的意见吧。"拜登
还调侃道:"如果可能的话,我还想明天就进政府当上总统呢。"
拜登指出,目前美国疫情形势加重是因为"在应该响应的时候没有做出行动",并呼吁特朗普把民
众的健康作为工作重心。同时,拜登还建议特朗普政府多遵循国家过敏症与传染病研究所主任福
奇等医疗专家的建议,让民众保持社交距离,并且为控制疫情做好充分工作。
据美国约翰斯·霍普金斯大学数据显示,截至北京时间 2020 年 3 月 25 日12时 30 分左右,美国累
计确诊新冠肺炎病例 55222 例,累计死亡 797 例。
"""
w.generate(content)
w.to_file('result.')
```

运行完成之后,在代码所在的文件夹,就会出现 result. 图片文件(见图 9.4)。

图 9.4 未分词前词云默认制作效果图

3. 文本分词预处理后的词云

由图 9.4 基本上可以看出,这段话的主要内容在词云的表现还是比较散乱的,内容并不聚焦,需要对中文文字进行分词预处理。可以使用 jieba 完成分词。

【例 9.10】　将中文字符串进行分词后生成词云图。

```
import jieba
txtlist = jieba.lcut(content)
string = " ".join(txtlist)
w.generate(string)
# 将词云图片导出到当前文件夹
w.to_file('result-jieba.')
```

运行结果如图 9.5 所示。可以看到,生成的词云图内容与关键词重点比较清晰突出。

图 9.5　分词后的词云图

4. 绘制指定形状的词云

另外,可以使用图片做遮罩生成词云形状。如使用地图作出背景(见图 9.6),重新生

图 9.6　制作词云图的遮罩图片

成一幅新的词云图。

【例9.11】 将中文字符串进行分词后,根据背景图片形状,生成词云图。

```
import imageio
mk = imageio.imread("usa.jpg")
w = wordcloud.WordCloud(width = 600, height = 300,
                        background_color = 'white', font_path = 'msyh.ttc',
                        contour_width = 1, contour_color = 'steelblue', mask = mk)
w.generate(string)
w.to_file('result - jieba - usa. ')
```

运行结果如图9.7所示。

图9.7　使用图片遮罩制作的词云图

9.5　中文情感分析

SnowNLP是一个主要处理中文的Python类库,它可以方便地处理中文词性标注(使用TnT 3-gram)、情感分析、文本分类、转换为拼音、提取文本关键词(使用TextRank算法)、提取文本摘要(TextRank算法)等处理,使用也非常简单。

安装中文文本分析库SnowNLP命令:

```
pip install - U snownlp
```

【例9.12】 将中文字符串使用SnowNLP进行情感分析。

```
import snownlp
    word = snownlp.SnowNLP('大家一起来学 Python')
    print(word.tf)
    print(word.pinyin)
    print(word.keywords())
    feeling = word.sentiments
    print(feeling)
```

输出结果：

```
[{'大': 1}, {'家': 1}, {'一': 1}, {'起': 1}, {'来': 1}, {'学': 1}, {'P': 1}, {'y': 1}, {'t': 1},
{'h': 1}, {'o': 1}, {'n': 1}]
['da', 'jia', 'yi', 'qi', 'lai', 'xue', 'Python']
['Python', '学']
0.7111397366661859
```

可以看到，SnowNLP 将字符串的关键词提取出来，并初步判断"大家一起来学Python"这句话具有约 0.711 的正向情绪情感。如果要获取可靠的结果，需要对模型使用样本进行训练，然后再评估，详见 https://github.com/isnowfy/snownlp。

9.6　本章小结

本章主要介绍了 Python 正则表达式对字符串的匹配、获取、替换、分隔操作，并介绍了中文文本分词、词云对文本数据的分析与可视化方法，以及简单分析文本情感的方法。

9.7　习题

扫码观看

（1）下载《道德经》，在文中标记"道"出现的次数，如第一次出现的"道"，标注为"道(1)"，第二次则为"道(2)"……

（2）分析《道德经》中出现了多少字，每个字出现的频率。

（3）分析《道德经》中出现了多少词，每个词出现的频率（对 jieba 不能识别的词，可使用用户字典添加）。

（4）使用词云做出《道德经》的云图（最好从网上搜索老子的图像做云图背景）。

第 **10** 章

NumPy与数学运算

Python 语言尽管并不是专门为科学计算而设计,系统自带的库函数很难直接完成复杂数值计算,但通过使用第三方的模块便可扩展所需的功能。Python 的第三方模块 NumPy(https://numpy.org/)就是使用最为广泛的科学计算模块,它提供大量的数学函数库,支持大量的维度数组与矩阵运算,以及微积分相关运算等。

本章主要介绍 NumPy 的基础,学习目标如下:

- 掌握 NumPy 的数组(ndarray 对象)创建;
- 掌握 NumPy 的数组(ndarray 对象)输入输出;
- 掌握 NumPy 的数组(ndarray 对象)结构的变换;
- 掌握 NumPy 的数组(ndarray 对象)元素、切片和索引;
- 掌握 NumPy 的数组(ndarray 对象)相关函数和数值计算。

10.1 为什么要用 NumPy

大数据分析、人工智能时代的各种应用都需要完成大量复杂的科学计算,由于 Python 不是专门为科学计算而设计的,其内置的整数、浮点数、复数三类数字类型的数据,一旦要完成更精细"粒度"的数据(如无符号整数、8 位整数、64 位浮点数等)的计算,效率就非常低;另外,其内置的 list、tuple、set、dict 类型数据都无法直接完成复杂的向量、矩阵运算。Python 语言是开放的,它有丰富的第三方模块资源来扩充其科学计算能力。NumPy 模块就是应用最为广泛的 Python 数值计算模块,它的科学计算功能类似于 MATLAB,可以完成多维数组、矩阵的创建、输入输出、数学运算、逻辑运算、傅里叶变换、基本线性代数、基本统计运算,以及随机模拟等。另外,由于 NumPy 对多维数组计算做了非常多的优化,其运行速度远远高于使用 Python 系统自带数组。

10.2 NumPy 简介

NumPy 是 Python 第三方科学计算开源模块(https://en.wikipedia.org/wiki/NumPy)。它是由 Travis Oliphant 基于 Numeric 模块开发的,第一个版本发布于 2005 年,目前最新版本是 1.21。当今使用最广泛的 OpenCV 图像处理模块、Pandas 数据分析模块、TensorFlow 和 PyTorch 等机器学习相关框架,都是基于 NumPy 开发的,所以 NumPy 也是学习数据科学与机器学习的必备工具。

10.3 NumPy 的核心内容

NumPy 的核心内容是数组以及数组运算。NumPy 中将数组定义为 ndarray(英文全称是 n-dimensional array),ndarray 是 N 维数组,其元素均是相同数据类型,数组的形状用属性 shape 描述,shape 是 tuple 类型,使用"(行,列)"代表数组的形状,如(3,5)代表数组为 3 行 5 列的二维数组;(4,)代表有 4 个元素的一维数组。ndarray 主要围绕 ndarray 对象的创建、对象的输入输出、对象的属性、对象的结构变形、对象元素的操作、对象的运算与统计特性等(见图 10.1)。

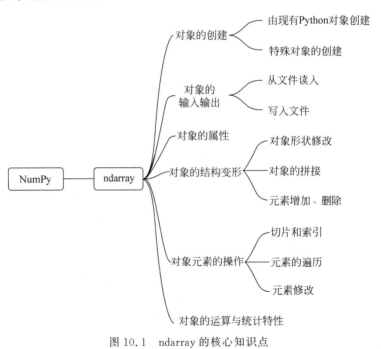

图 10.1　ndarray 的核心知识点

10.4 ndarray 对象

10.4.1 ndarray 对象中的元素数据类型

NumPy 的 ndarray 对象中的元素数据类型主要有以下几种(见表 10.1)。

表 10.1 ndarray 对象中的元素的数据类型

状态名称	说明
bool_	布尔型数据类型(True 或者 False)
int_	默认的整数类型(类似于 C 语言中的 long、int32 或 int64)
intc	与 C 语言的 int 类型一样,一般是 int32 或 int 64
intp	用于索引的整数类型(一般情况下仍然是 int32 或 int64)
int8	字节(−128~127)
int16	整数(−32 768~32 767)
int32	整数(−2 147 483 648~2 147 483 647)
int64	整数(−9 223 372 036 854 775 808~9 223 372 036 854 775 807)
uint8	无符号整数(0~255)
uint16	无符号整数(0~65 535)
uint32	无符号整数(0~4 294 967 295)
uint64	无符号整数(0~18 446 744 073 709 551 615)
float_	float64 类型的简写
float16	半精度浮点数,包括 1 个符号位、5 个指数位和 10 个尾数位
float32	单精度浮点数,包括 1 个符号位、8 个指数位和 23 个尾数位
float64	双精度浮点数,包括 1 个符号位、11 个指数位和 52 个尾数位
complex_	complex128 类型的简写,即 128 位复数
complex64	复数,表示双 32 位浮点数(实数部分和虚数部分)
complex128	复数,表示双 64 位浮点数(实数部分和虚数部分)

说明:有关 NumPy 的 API 文档通常使用"numpy. 函数名"形式来介绍函数,而程序代码中惯用"np. 函数名"形式,虽然 numpy 和 np 名称不一致,但是同一个对象,这往往给初学者带来困惑,为了便于名称一致,本书统一使用"np. 函数名"来介绍函数以及代码编写。

10.4.2 ndarray 对象的创建

创建 ndarray 对象常使用 np. array()或 np. asarray()函数来完成。这些函数可以直接将 Python 的 list、tuple、range 等对象封装成 ndarray 对象,便可使用 NumPy 提供的相关高效科学运算函数。

使用 np. array()创建 ndarray 的命令格式为:

```
np. array(object, dtype = None, copy = True, order = None, subok = False, ndmin = 0)
```

参数说明:

- object:数组或嵌套的数列,可以是 list、tuple、range、set 等;
- dtype:数组元素的数据类型,可选;
- copy:对象是否需要复制,可选;
- order:创建数组的样式,'C'为行方向,'F'为列方向,'A'为任意方向(默认);
- subok:默认返回一个与父类类型一致的数组;
- ndmin:指定生成数组的最小维度。

使用 np.asarray() 创建 ndarray 的命令格式为：

```
np.asarray(a, dtype = None, order = None)
```

np.asarray 类似 np.array，但 np.asarray 参数只有三个。

- a：任意形式的输入参数，可以是 list、tuple、range、set 或嵌套数列。
- dtype：数据类型，可选。
- order：可选，在计算机内存中的存储元素的顺序。有'C'和'F'两个选项，分别代表行优先和列优先。

【例 10.1】 创建 ndarray 对象的代码示例。

以下代码演示使用 np.array() 与 np.asrray() 函数创建 ndarray 对象。

```
>>> import numpy as np
>>> a = np.array(range(3))
>>> print(a,type(a))
[0 1 2] <class 'numpy.ndarray'>
>>> b = np.asarray(range(6))
>>> print(b,type(b))
[0 1 2 3 4 5] <class 'numpy.ndarray'>
>>> c = np.array([range(3),range(5,8)])
>>> print(c,type(c))
[[0 1 2]
 [5 6 7]] <class 'numpy.ndarray'>
```

10.4.3 特殊 ndarray 对象的创建

NumPy 提供了许多快速创建特殊的 ndarray 对象的函数。如创建一个元素均为 0 的 ndarray 对象的函数、创建一个元素均为 1 的 ndarray 对象的函数、创建一个元素为递增(递减)序列的 ndarray 对象的函数、创建一个元素由等差数列构成的 ndarray 对象的函数、创建一个由对数序列的 ndarray 对象的函数、创建一个由特定随机分布数的 ndarray 对象的函数等。下面介绍使用这些函数创建特殊的 ndarray 对象。

1. 创建一个元素均为 0 的 ndarray 对象

函数 np.zeros() 可以创建指定形状的 ndarray 数组对象，其元素以 0 来填充。命令格式如下：

```
np.zeros(shape, dtype = float, order = 'C')
```

参数说明：

- shape：数组形状，为元组形式，如(2,3)，代表数组(行,列)。
- dtype：数据类型，可选。
- order：'C'，用于 C 语言的行数组；或者'F'，用于 FORTRAN 语言的列数组。

2. 创建一个元素均为 1 的 ndarray 对象

函数 np.ones() 创建指定形状的数组，数组元素以 1 来填充。其命令格式如下：

```
np.ones(shape, dtype = None, order = 'C')
```

参数说明：

- shape：数组形状。
- dtype：数据类型，可选。
- order：'C'，用于C语言的行数组；或者'F'，用于FORTRAN语言的列数组。

【例10.2】　NumPy创建特定ndarray对象样例代码。

```
>>> d = np.ones((2,3))
>>> print(d,type(d))
[[1. 1. 1.]
[1. 1. 1.]] < class 'numpy.ndarray'>
>>> e = np.zeros((1,3))
>>> print(e,type(e))
[[0. 0. 0.]] < class 'numpy.ndarray'>
```

3. 创建一个元素为递增（或递减）序列的 ndarray 对象

函数np.arrange()创建指定数值范围的递增或递减元素构成的ndarray对象。其命令格式如下：

```
np.arange(start, stop, step, dtype)
```

参数说明：

- start：起始值，默认为0。
- stop：终止值（不包含）。
- step：步长，默认为1。
- dtype：返回ndarray的数据类型，如果没有提供，则会使用输入数据的类型。

【例10.3】　NumPy按数字序列生成数组样例。

```
>>> import numpy as np
>>> np.arange(3)
array([0, 1, 2])
>>> np.arange(2,9,2)
array([2, 4, 6, 8])
```

4. 创建一个元素由等差数列构成的 ndarray 对象

函数np.linspace()可以创建一个元素由等差数列构成的ndarray对象。其命令格式如下：

```
np.linspace(start, stop, num = 50, endpoint = True, retstep = False, dtype = None)
```

参数说明：

- start：序列的起始值。

- stop：序列的终止值，如果 endpoint 为 True，则该值包含于数列中。
- num：要生成的等步长的样本数量，默认为 50。
- endpoint：该值为 True 时，数列中包含 stop 值，反之则不包含，默认为 True。
- retstep：如果为 True 时，生成的数组中会显示间距，反之不显示。
- dtype：ndarray 的数据类型。

```
>>> np.linspace(3, 6, 3, endpoint = True)
array([3. , 4.5, 6. ])
```

5. 创建一个元素由对数序列构成的 ndarray 对象

np.logspace()函数用于创建一个对数序列构成的 ndarray 数组对象。其命令格式如下：

np.logspace(start, stop, num = 50, endpoint = True, base = 10.0, dtype = None)

参数说明：
- start：序列的起始值。
- stop：序列的终止值。
- num：要生成的等步长的样本数量，默认为 50。
- endpoint：该值为 True 时，数列中包含 stop 值；反之则不包含，默认为 True。
- base：对数 log 的底数，默认为 10。
- dtype：ndarray 的数据类型。

```
>>> np.logspace(1.2, 3, 3, base = 2)
array([2.29739671, 4.28709385, 8.        ])
```

6. 创建由随机数元素构成的 ndarray 对象

机器学习、神经网络模型通常使用随机值来初始化网络权重，需要创建由均匀分布随机数元素构成的 ndarray 对象，可以使用 np.random.uniform()来创建。其命令格式如下：

np.random.uniform(low = 0.0, high = 1.0, size = None)

参数说明：
- low：随机数的下界，默认为 0.0。
- high：随机数的上界，默认为 1.0。
- size：是 ndarray 的 shape，默认为 None。当 size＝None 时，函数返回的是数值，而不是 ndarray 对象。

【例 10.4】 随机数或 ndarray 数组生成样例。

(1) 按分布规律和区间生成一个随机数。

可以使用函数 np.random.uniform(下界，上界)实现。当 size＝None 时，函数返回的是一个 float 类型的数，而不是 ndarray 对象，代码如下。

```
>>> import numpy as np
>>> a = np.random.uniform(49.5, 99.5)
>>> a
60.541416132324585
>>> type(a)
<class 'float'>
```

（2）按区间和维度生成一个随机数组 ndarray 对象。

可以使用 np.random.uniform() 实现，代码如下。

```
>>> np.random.uniform(75.5, 125.5, size = (2, 2))
array([[108.49841421, 92.39603597],
       [102.48103541, 119.04798138]])
>>> np.random.uniform(3,10,size = 4)
array([7.65410033, 9.69713534, 4.17395906, 8.64409995])
```

（3）按维度生成一个数字在(3)[0,1]的随机数组 ndarray 对象。

可以使用函数 np.random.rand(行数,列数)实现，代码如下。

```
>>> a = np.random.rand(2,3)
>>> a
array([[0.46011496, 0.41367026, 0.52531407],
       [0.68988701, 0.06382496, 0.5532518 ]])
```

10.5　ndarray、array 的区别与联系

NumPy 的核心是数组，其结构是 ndarray。由于数组的英文是 array，有些资料往往称"NumPy 的数组"为"NumPy 的 array"，它实际上指 ndarray，往往容易与 NumPy 提供的函数 np.array()混淆。这里给出 ndarray 与 array 的区别与联系如下。

（1）ndarray 是 NumPy 的一种数据结构，可以理解为 N 维数组。

（2）array 有两个出处，它可以是函数名或数组结构前缀。

其一：它是一个函数，即 np.array()函数，用于创建 ndarray。

其二：它是一个 ndarray 对象前缀，在 Python 的控制台提示符">>>"下输出一个 ndarray 对象时，如显示为 array([[1,2,3],[4,5,6]])，这里 array 是前缀。而使用 print()打印 ndarray 对象时，则不显示 array 前缀，见如下代码：

```
>>> import numpy as np
>>> a = np.array(range(3))
>>> a
array([0, 1, 2])
>>> print(a)
[0 1 2]
>>>
```

10.6 ndarray 对象的输入输出

前面介绍的 ndarray 对象是在内存中创建的,如果 Python 程序退出,则内存中 ndarray 对象会被清除,为了保存 ndarray 对象以备后续使用,通常将其保存到文件中。 NumPy 提供了输入输出函数 np. save()与 np. load(),可以将内存中的 ndarray 对象转存到文本或二进制数据文件中;也可以进行逆操作,即读入数据文件,在内存中还原出 ndarray 对象。

10.6.1 ndarray 对象以 *.npy 或 *.npz 格式存储与读取

为了高效存储 ndarray 对象数据,NumPy 设计了高效的内置文件格式: *.npy 或 *.npz,并提供了 np. save()函数将内存中的一个 ndarray 对象保存为 NumPy 内置的文件格式(*.npy 或 *.npz 格式)。其命令格式如下:

```
np.save(file, arr, allow_pickle = True, fix_imports = True)
```

参数说明:

• file:将 ndarray 数组以未压缩的原始二进制格式保存的文件名,扩展名为 .npy。
• arr:要保存的数组,也就是 ndarray 对象。
• allow_pickle:可选,布尔值,允许使用 Python pickles 保存对象数组。
• fix_imports:可选,为了方便在 Python 2 中读取 Python 3 中保存的数据。

NumPy 提供了 np. load()函数,可读入 *.npy 格式数据文件,在内存中还原出 ndarray 对象。其命令格式如下:

```
np.load (file, mmap_mode = None, allow_pickle = False, fix_imports = True, encoding = 'ASCII'))
```

参数说明:

• file:保存 ndarray 对象的文件,文件扩展名为 *.npy 或 *.npz。
• mmap_mode:其值可以为{None,'r+','r','w+','c'},可选,一般不用设置。
• allow_pickle bool:可选,一般不用设置。
• fix_imports bool:可选,为了方便在 Python 2 中读取 Python 3 中保存的数据。
• encoding:编码,默认是 ASCII 编码,仅允许使用'latin1'、'ASCII' 和 'bytes'编码。

默认情况下,数组保存在扩展名为 .npy 的文件中。

【例 10.5】 NumPy 单个数组 *.npy 格式输入输出案例。

本例代码演示创建一个 ndarray 对象,然后保存到文件中,然后再从文件读入该对象。

```
>>> a = np.random.rand(2,2)
>>> a
array([[0.73094482, 0.31073124],
       [0.73667404, 0.81953991]])
```

```
>>> np.save('ok',a)
>>> b = np.load('ok.npy')
>>> b
array([[0.73094482, 0.31073124],
       [0.73667404, 0.81953991]])
>>> a == b
array([[ True, True],
       [ True, True]])
```

np.save()只能将一个 ndarray 对象保存到文件中,如果要同时将多个 ndarray 对象压缩保存到文件中,可以使用 np.savez()函数。其命令格式如下:

```
np.savez(file, *args, **kwds)
```

参数说明:
- file:将数组以压缩的格式保存的文件名,扩展名为 .npz。
- args:要保存的数组,可以使用关键字参数为数组起一个名字,非关键字参数传递的数组会自动起名为 arr_0,arr_1,…。
- kwds:要保存的数组使用关键字名称。

以下通过代码演示多个 ndarray 对象的输入与输出。

【例 10.6】　NumPy 多个数组按 *.npz 格式输入输出案例。

```
import numpy as np

a = np.array([[1,2,3],[4,5,6]])
b = np.arange(0, 1.0, 0.1)
c = a * a
np.savez("ok3.npz", a, b, ok = c)
r = np.load("ok3.npz")
print(r.files)              # 查看各个数组名称
print(r["arr_0"])           # 数组 a
print(r["arr_1"])           # 数组 b
print(r["ok"])              # 数组 c

['ok', 'arr_0', 'arr_1']
[[1 2 3]
 [4 5 6]]
[0.  0.1 0.2 0.3 0.4 0.5 0.6 0.7 0.8 0.9]
[[ 1  4  9]
 [16 25 36]]
```

10.6.2　ndarray 对象以文本方式存储与读取

虽然 NumPy 可以高效地使用 *.npy 与 *.npz 格式文件存取 ndarray 对象,但是为了便于与其他系统进行数据交换,数据文件常采用文本格式。NumPy 还提供了

np. savetxt()函数,将 ndarray 对象以字符串形式保存到文本文件中;与此对应还提供了np. loadtxt()函数,用于从文本文件中读取数据,在内存中还原出 ndarray 对象。

```
np. savetxt(fileName, a, fmt = "%f", delimiter = ",")
np. loadtxt(fileName, dtype = int, delimiter = ' ')
```

参数说明:

- fileName:文本数据文件名,通常为 *. txt。
- a:ndarray 对象名。
- fmt:输出数据显示格式。
- delimiter:ndarray 元素之间的分隔符,可以指定各种分隔符、针对特定列的转换器函数、需要跳过的行数等。

【例 10.7】 NumPy 多个数组按文本格式输入输出示例。

```
>>> a = np. random. uniform(2,6,(2,2))
>>> np. savetxt('ok. txt',a,fmt = '%f',delimiter = ',')
>>> a
array([[2.04610547, 4.77433569],
       [4.06244856, 5.0352532 ]])
>>> np. loadtxt('ok. txt',dtype = float,delimiter = ',')
array([[2.046105, 4.774336],
       [4.062449, 5.035253]])
```

10.7 ndarray 对象的属性

NumPy 的 ndarray 对象提供了以下属性(见表 10.2)。

表 10.2 ndarray 的属性信息

属 性 名 称	说 明
ndarray. ndim	数组的轴(维度)的个数。维度的数量也称为 rank
ndarray. shape-	数组的维度。数据类型为元组,表示每个维度中数组的大小。如:(n,m)表示 n 行和 m 列的数组,shape 的长度就是 ndim,即 len(a. shape) == a. ndim
ndarray. size	数组元素的总数。这等于 shape 的元素的乘积
ndarray. dtype	ndarray 中元素的数据类型。可以使用标准的 Python 类型创建或指定 dtype
ndarray. itemsize	数组中每个元素的字节大小
ndarray. data	该缓冲区包含数组的实际元素

10.8 ndarray 对象的结构变形

ndarray 对象的结构变形是指改变其形状属性,以适应相关的计算。许多科学计算或机器学习对数据的处理涉及数据的形状、维度变换。如:二维卷积神经网络网络转换为一维卷积神经网络,需要变换数据形状。

1. 修改数组形状

常用的函数如下:

- np. reshape():不改变数据元素个数的条件下修改形状。
- np. resize():改变数组的维度和元素个数。
- np. flatten():将数组降维展开返回一个一维数组。
- np. ravel():将数组降维展开返回一个一维数组。

下面代码演示了创建一个有 9 个元素的一维数组 ndarray,然后将其变形为 3 行 3 列 (3,3)数组,再将数组展为一维数组。

【例 10.8】 ndarray 对象变形代码示例。

```
>>> a = np. arange(1,10)
>>> b = a. reshape(3,3)
>>> a
array([1, 2, 3, 4, 5, 6, 7, 8, 9])
>>> b
array([[1, 2, 3],
       [4, 5, 6],
       [7, 8, 9]])
>>> c = a. flatten()
>>> c
array([1, 2, 3, 4, 5, 6, 7, 8, 9])
>>> d = a. ravel()
>>> d
array([1, 2, 3, 4, 5, 6, 7, 8, 9])
```

然后,变换数组的尺寸,使用 np. resize()函数。

```
>>> a. resize((4,4),refcheck = False)
array([[1, 2, 3, 4],
       [5, 6, 7, 8],
       [9, 0, 0, 0],
       [0, 0, 0, 0]])
```

2. 数组升维或降维

- np. expand_dims()函数可以扩展一维 ndarray 的维度(升维)。代码示例见例 10.9。

【例 10.9】 ndarray 对象升维代码示例。

```
>>> a = np. arange(6)
>>> a
array([0, 1, 2, 3, 4, 5])
>>> b = np. expand_dims(a,axis = 0)
>>> b
```

```
array([[0, 1, 2, 3, 4, 5]])
>>> c = np.expand_dims(a,axis = 1)
>>> c
array([[0],
       [1],
       [2],
       [3],
       [4],
       [5]])
```

- np.squeeze()函数可以删除 ndarray 的一个维度(降维),代码示例见例 10.10。

【例 10.10】 ndarray 对象降维代码示例。

```
>>> d = np.squeeze(c)
>>> d
array([0, 1, 2, 3, 4, 5])
>>> np.squeeze(b)
array([0, 1, 2, 3, 4, 5])
```

3. 将多个数组拼接为一个数组

- np.concatenate((a1，a2，…)，axis) 函数可以拼接多个 ndarray 对象成一个新的 ndarray 对象。示例代码见例 10.11。

【例 10.11】 ndarray 对象的拼接代码示例。

```
>>> import numpy as np
>>> a = np.array([[1,2],[3,4]])
>>> b = np.array([[5,6],[7,8]])
>>> a
array([[1, 2],
       [3, 4]])
>>> b
array([[5, 6],
       [7, 8]])
>>> np.concatenate((a,b),axis = 0)
array([[1, 2],
       [3, 4],
       [5, 6],
       [7, 8]])
>>> np.concatenate((a,b),axis = 1)
array([[1, 2, 5, 6],
       [3, 4, 7, 8]])
```

- np.stack()函数可以将两个 ndarray 对象堆叠为一个新的 ndarray 对象。代码示例见例 10.12。

【例 10.12】 ndarray 对象的堆叠拼接代码示例。

```
>>> np.stack((a,b),0)
array([[[1, 2],
        [3, 4]],

       [[5, 6],
        [7, 8]]])
>>> np.stack((a,b),1)
array([[[1, 2],
        [5, 6]],

       [[3, 4],
        [7, 8]]])
```

- np.hstack()函数,可以沿着水平方向堆叠两个 ndarray 对象(列方向),代码如下。

```
>>> np.hstack((a,b))
array([[1, 2, 5, 6],
       [3, 4, 7, 8]])
```

- np.vstack()函数,可以沿着竖直方向堆叠两个 ndarray 对象(行方向),代码如下。

```
>>> np.vstack((a,b))
array([[1, 2],
       [3, 4],
       [5, 6],
       [7, 8]])
```

4. 增加元素

np.append()函数可以在 ndarray 对象末尾增加元素。其命令格式如下:

np.append(arr, values, axis = None)

该函数在数组的末尾添加值。追加操作会分配整个数组,并把原来的数组复制到新数组中。此外,输入数组的维度必须匹配,否则将产生 ValueError。

参数说明:

- arr:输入数组。
- values:要向 arr 添加的值,需要和 arr 形状相同(除了要添加的轴)。
- axis:默认为 None。数组 arr 将被展成一维数组,元素 value 会追加在数组 arr 的尾部。当 axis 为 0 时,value(要求 value 与 arr 的列数相同)会追加在数组 arr 的行。当 axis 为 1 时,value(要求 value 的行数与 arr 相同)会追加在 arr 的列。

【例 10.13】 ndarray 对象增加元素代码示例。

```
>>> a = np.array([[1,2,3],[4,5,6]])
>>> np.append(a, [7,8,9])
array([1, 2, 3, 4, 5, 6, 7, 8, 9])
```

```
>>> a
array([[1, 2, 3],
       [4, 5, 6]])
>>> np.append(a, [[7,8,9]],axis = 0)
array([[1, 2, 3],
       [4, 5, 6],
       [7, 8, 9]])
>>> np.append(a, [[5,5,5],[7,8,9]],axis = 1)
array([[1, 2, 3, 5, 5, 5],
       [4, 5, 6, 7, 8, 9]])
```

也可使用 np.insert()函数在 ndarray 特定位置增加元素。其命令格式如下：

np.insert(arr, obj, values, axis)

该函数在给定索引之前,沿给定轴在输入数组中插入值。

参数说明：

- arr：输入数组。
- obj：在其之前插入值的索引。
- values：要插入的值。
- axis：沿着它插入的轴,如果未提供,则输入数组会被展开。

【例 10.14】　ndarray 对象插入元素代码示例。

```
>>> np.insert(a,3,[11,12])
array([ 1, 2, 3, 11, 12, 4, 5, 6])
>>> np.insert(a,1,[11],axis = 0)
array([[ 1, 2],
       [11, 11],
       [ 3, 4],
       [ 5, 6]])
>>> np.insert(a,1,11,axis = 1)
array([[ 1, 11, 2],
       [ 3, 11, 4],
       [ 5, 11, 6]])
```

5. 删除元素

从 ndarray 对象中删除元素,可以使用 np.delete()函数。其命令格式如下：

np.delete(arr, obj, axis)

该函数返回从输入数组中删除指定子数组的新数组。与 insert()函数的情况一样,如果未提供轴参数,则输入数组会被展开。

参数说明：

- arr：输入数组。
- obj：被删除对象。

- axis：数组的轴，如果未提供，则输入数组会被展开。

np.delete()函数提供了一种灵活删除一个或者多个数组元素的方式。

```
>>> a
array([0, 1, 2, 3, 4])
>>> np.delete(a,3)
```

另外，还可以使用 np.unique()函数对 ndarray 对象中的元素去重。其命令格式如下：

```
np.unique(arr, return_index, return_inverse, return_counts)
```

参数说明：

- arr：输入数组，如果不是一维数组则会展开。
- return_index：如果为 True，则返回新列表元素在旧列表中的位置（下标），并以列表形式存储。
- return_inverse：如果为 True，则返回旧列表元素在新列表中的位置（下标），并以列表形式存储。
- return_counts：如果为 true，则返回去重数组中的元素在原数组中的出现次数。

【例 10.15】 ndarray 对象删除元素的代码示例。

```
>>> b = np.broadcast_to(3,(3,3))
>>> b
array([[3, 3, 3],
       [3, 3, 3],
       [3, 3, 3]])
>>> np.unique(b,return_index = True)
(array([3]), array([0], dtype = int64))
```

10.9 ndarray 对象元素的操作

10.9.1 ndarray 对象元素的切片和索引

NumPy 的 array 对象可以通过索引或切片来访问和修改，它与 Python 中 list 的切片操作一样。切片还可以用"…"或"："，其含义是选择元素长度与数组的维度相同。

【例 10.16】 NumPy 数组切片代码示例。

```
>>> a = np.array([[1,2,3],[3,4,5],[4,5,6]])
>>> a
array([[1, 2, 3],
       [3, 4, 5],
       [4, 5, 6]])
>>> a[1:,:]
```

```
array([[3, 4, 5],
       [4, 5, 6]])
>>> a[:,1:]
array([[2, 3],
       [4, 5],
       [5, 6]])
>>>
```

另外,NumPy 比一般的 Python 序列提供更多的索引方式。除了用整数和切片的索引外,数组可以有整数数组索引、布尔索引等。

以下演示由整数数组索引获取数组中(0,0),(1,1)和(2,0)位置处的元素,将索引写为 x[[0,1,2],[0,1,0]],即行坐标写在一个列表中,列坐标写在一个列表中。代码如下。

```
>>> x = np.array([[1, 2], [3, 4], [5, 6]])
>>> x[[0,1,2], [0,1,0]]
array([1, 4, 5])
```

读者分析一下 x[[0,1,2,0],[1,1,1,0]],将返回的内容是什么。

```
array([2, 4, 6, 1])
```

通过数组 x1[1:2,2:3]获取子数组,代码如下。

```
x = np.arange(1,13)
array([ 1, 2, 3, 4, 5, 6, 7, 8, 9, 10, 11, 12])
>>> x1 = x.reshape(3,4)
>>> x1
array([[ 1, 2, 3, 4],
       [ 5, 6, 7, 8],
       [ 9, 10, 11, 12]])
>>> x1[1:2,2:3]
array([[7]])
```

通过逻辑条件过滤数组中的元素,获取子数组。如获取偶数元素,代码如下。

```
>>> x1[x1 % 2 == 0]
array([ 2, 4, 6, 8, 10, 12])
```

也可以用~或!取反操作。如获取奇数元素,代码如下。

```
>>> x1[x1 % 2!= 0]
array([ 1, 3, 5, 7, 9, 11])
>>> x1[~x1 % 2 == 0]
array([ 1, 3, 5, 7, 9, 11])
```

也可以使用行列标号,在数组中获取子数组,代码如下。

```
>>> a = np.arange(1,17)
>>> a1 = a.reshape(4,4)
>>> a1
array([[ 1,  2,  3,  4],
       [ 5,  6,  7,  8],
       [ 9, 10, 11, 12],
       [13, 14, 15, 16]])
>>> a1[[-1,-2,-3,-4],[0,1,2,3]]
array([13, 10, 7, 4])
```

10.9.2 ndarray 元素的遍历

NumPy 的 np.nditer()函数提供了获取 ndarray 数组元素迭代器的方法,利用它可以遍历数组元素,也可以控制遍历的顺序是按行遍历或按列遍历。

- np.nditer(a, order='C'):C order,即是行序优先,默认按此顺序。
- np.nditer(a, order='F'):Fortran order,即是列序优先。

【例 10.17】 遍历 ndarray 对象元素的代码示例。

```
>>> import numpy as np
>>> a = np.arange(6).reshape(2,3)
>>> a
array([[0, 1, 2],
       [3, 4, 5]])
>>> for x in np.nditer(a):
    print (x, end = ", " )
0, 1, 2, 3, 4, 5,
>>> for x in np.nditer(a, order = "F"):
    print(x, end = ',')
0,3,1,4,2,5,
>>> for row in a:
    print(row)
[0 1 2]
[3 4 5]
```

另外,NumPy 还有一个数组的 flat 属性,用来获取数组展平(转换为一维数组)后的迭代对象,可以通过它来遍历数组。

```
>>> for i in a.flat:
    print(i, end = ',')
0,1,2,3,4,5,6,7,8,
```

10.10 ndarray 对象的运算

ndarray 对象的运算通常是将其中的每一个元素与其他对象对应的元素进行计算,将计算结果组成一个新的对象。ndarray 可以作为向量,直接完成向量与标量、向量之间基本的运算。以下为几个简单示例。

【例 10.18】 ndarray 运算示例。

数组与标量计算,代码如下。

```
>>> import numpy as np
>>> a = np.arange(3)
>>> a
array([0, 1, 2])
>>> a + 4
array([4, 5, 6])
```

数组之间算术运算(非矩阵运算,只是对应元素之间算术运算),代码如下。

```
>>> a + a
array([0, 2, 4])
>>> a * a
array([0, 1, 4])
```

数组之间比较运算(对应元素之间比较运算),代码如下。

```
>>> a = np.arange(6)
>>> b = np.arange(6,0, - 1)
>>> a == b
array([False, False, False, True, False, False])
>>> b
array([6, 5, 4, 3, 2, 1])
```

10.11 ndarray 对象相关通用函数

NumPy 提供了非常多的有关 ndarray 的属性和函数(超过 600 个),这些函数也称为通用函数(universal functions),函数对数组的所有元素执行逐元素操作。如,计算两个 ndarray 之间的欧氏距离(将两个 ndarray 对象元素求差的平方、求和、开方),可以使用:

```
>>> a = np.array(range(3))
>>> b = np.array(range(8,11))
>>> np.sqrt(np.sum(np.square(a - b)))
13.856406460551018
```

读者可以运行如下代码,查看 NumPy 提供的所有函数列表。

【例 10.19】 ndarray 对象通用函数展示代码。

```
>>> import numpy as np
>>> f = list(filter(lambda x: not x.startswith('__'),dir(np)))
>>> len(f)
604
>>> f
```

NumPy 提供的函数有 600 多个,这里仅介绍几个常用的函数。

1. 常用的数学函数

- np. sin()、np. cos()、np. tan():三角函数。
- np. floor():向下取整。
- np. ceil():向上取整。

2. 常用的统计函数

- np. amin():用于计算数组中的元素沿指定轴的最小值。
- np. amax():用于计算数组中的元素沿指定轴的最大值。
- np. ptp():计算数组中元素最大值与最小值的差(最大值－最小值)。
- np. percentile():用于计算给定数据(数组元素)沿指定轴的第 n 个百分位数。
- np. mean():返回数组中元素的算术平均值。
- np. average():数组中元素的加权平均值。
- np. std():标准差。
- np. var():方差。

【例 10.20】 ndarray 对象通用函数调用代码示例。

```
>>> a = np.arange(6)
array([0, 1, 2, 3, 4, 5])
>>> np.amin(a)
0
>>> np.amax(a)
5
>>> np.ptp(a)
5
>>> np.percentile(a,60)
3.0
>>> np.mean(a)
2.5
>>> np.std(a)
1.707825127659933
>>> np.var(a)
2.916666666666666
```

3. 常用的排序、条件筛选函数

- np. sort():对元素排序。
- np. argmax():取元素的最大值的索引和 np. argmin()取元素的最小值的索引。
- np. where():返回输入数组中满足给定条件的元素的索引。
- np. extract():根据某个条件从数组中抽取元素,返回满足给定条件的元素。

【例 10.21】 ndarray 对象通用函数元素排序与条件筛选调用代码示例。

```
>>> import numpy as np
>>> aa = np.random.uniform(1,5,(2,3))
>>> aa
array([[3.52469578, 4.53051764, 2.01412148],
       [3.332884 , 3.87641442, 1.4835712 ]])
>>> np.sort(aa)
array([[2.01412148, 3.52469578, 4.53051764],
       [1.4835712 , 3.332884 , 3.87641442]])
>>> np.argmax(aa)
1
>>> np.argmin(aa)
5
>>> np.where(aa > 2.5)
(array([0, 0, 1, 1], dtype = int64), array([0, 1, 0, 1], dtype = int64))
>>> np.extract(aa > 2.5,aa)
array([3.52469578, 4.53051764, 3.332884 , 3.87641442])
```

另外,NumPy还提供了线性代数、微积分等相关函数,这里就不一一介绍了。相关的科学计算的拓展内容,可参见 https://scipy-lectures.org。

10.12 本章小结

通过本章的学习,我们已经掌握了 NumPy 数组 ndarray 对象的创建、输入输出,以及 ndarray 相关运算,为第 11 章 Pandas 的学习打下了基础。

10.13 习题

扫码观看

(1) 随机生成一个 6×8 的二维数组,将该数组保存到文件,然后从文件读入该数组。
(2) 随机生成 10 名同学的三门课程的考试成绩。提示:按照区间和维度生成一个 10×3 的二维随机数组,可用 np.random.randint(0,100,(10,3)) 生成,并计算平均分数与方差。
(3) 如何将一个一维数组转换为二维数组?用代码演示实现。
(4) 如何将一个高维数组转换为一维数组?用代码演示实现。

第 **11** 章

Pandas数据分析

大数据与人工智能技术都离不开数据分析与处理。目前使用最为广泛的基于Python的相关工具是Pandas。Pandas是简单、高效的数据分析与处理第三方模块,掌握Pandas数据处理、分析基础也是相关从业人员必备技能。

本章的学习目标:

- 掌握 Pandas 数据的输入输出;
- 掌握 Series 类型及数据分析与处理相关方法;
- 掌握 DataFrame 类型及数据分析与处理相关方法;
- 了解 Series 与 DataFrame 数据可视化的基本方法。

11.1 为什么需要学习 Pandas

计算机自诞生以来,对数据的存取广泛采用关系数据库系统,如 Oracle、SQL Server、MySQL 等。数据库系统提供了对数据复杂的处理与操作脚本或 SQL 语句,多数据库系统为常用的计算机语言(Java、C++、C♯、Python 等)提供了驱动程序,使用这些计算机语言也可发送 SQL 语句来操纵数据库,但开发人员必须同时精通一门计算机语言和 SQL,这往往使得数据分析人员望而却步。而 Python 的第三方模块 Pandas,可以读入多源数据库数据,快捷地处理关系型、标记型数据,无须具备 SQL 相关知识,即可高效地完成数据分析、可视化相关工作。Pandas 已经成为 Python 数据分析的必备工具。

11.2 Pandas 介绍

Pandas 的名字来源于 Pandas 最早发布时的三种数据结构 Panel、DataFrame、Series。Pandas 已经成为数据分析的基本工具,可以广泛处理金融统计、社会科学、计算机信息,以及许多工程领域中的数据。

目前 Pandas 主要提供了两种数据结构：

(1) Series：用于处理一维表数据。

(2) DataFrame：用于处理二维表数据。

DataFrame 由 Series 组成，它的每一列数据都是 Series 对象。

1. Pandas 的数据类型

Pandas 提供的 Series 一维表和 DataFrame 二维表结构中，表的每一列的元素都属于一种数据类型（类似数据库的表结构），Series 和 DataFrame 表结构数据类型大部分来自 NumPy，并兼容其他数据统计与处理相关模块（如 statsmodels）的数据类型。常见的 Pandas 数据类型与 Python 和 NumPy 数据类型对照如表 11.1 所示。

表 11.1 常见的 Pandas 数据类型与 Python 和 NumPy 数据类型对照

Pandas	Python	NumPy	说　明
object	str 或对象	string_, unicode_, mixed types	对象。如文本
int64	int	int_, int8, int16, int32, int64, uint8, uint16, uint32, uint64	整数
float64	float	float_, float16, float32, float64	浮点数字
bool	bool	bool_	True/False，不支持缺失值
datetime64	datetime	datetime64[ns]	日期和时间值
timedelta[ns]	NA(无)	NA(无)	两个日期时间之间的差
category	NA(无)	NA(无)	分类类型，支持缺失值

2. 缺失与非法数据的标记

由于数据在录入或转换过程中会经常存在缺失与非法数据，Pandas 提供了 NaN、<NA>、None 来标记这些数据（日期型也可以用 NaT），如图 11.1 所示。

(1) 对于缺失的浮点型数据，使用 NaN 或<NA>标记。

(2) 对于缺失对象使用 None 标记。

图 11.1 给出了缺失数据与缺失对象的示意图。

图 11.1　Pandas 缺失数据与缺失对象示意图

3. 数据类型转换

在使用 Pandas 数据处理过程中，为了优化内存的使用、提高数据处理速度，需要对表中的列数据类型做转换(与数据库表结构数据类型转换类似)。列的数据类型转换常用函数(以下函数介绍中,列的名称用 col,pandas 模块简写为 pd)如下:

- col.astype():将列的数据类型转换为其他数据类型。转换类型可以是字符串 str、整数 int 或 category 类型。原类型数据若转换后无效,则返回 NaN。
- col.to_numeric():将列的数据类型转换为数字类型。
- pd.to_datetime():将列的数据类型转换为日期型数据类型。

如下列代码,可对一列数据类型进行转换:

```
students['id'] = students['id'].astype(str)
students['性别'] = students['性别'].astype("category")
students['毕业年月'] = pd.to_datetime(students['毕业年月'],format = '%Y%m')
```

11.3　Series

Pandas 提供了 Series 和 DataFrame 两种数据结构,其实 DataFrame 是由 N 列 Series 对象组成的,可以把 Series 看成仅有一列数据的 DataFrame 对象。因此,Series 是 DataFrame 的学习基础。下面介绍 Series。

11.3.1　Series 对象的创建

Series 类的构造函数如下:

```
Series(data = None, index = None, dtype = None, name = None,
                        copy = False, fastpath = False)
```

参数 copy、fastpath 一般情况使用默认配置,无须设置。通常使用下面更简洁的方法来构建 Series 对象:

```
Series(data,index,dtype,name)
```

参数说明:

- data:数据表,数据可以是列表、元组、单个元素,甚至可以是 NaN 对象等。如果创建 Series 时不提供数据表,则创建一个 dtype=float64 的空 Series 对象。
- index:索引表,是可选项。若无索引表,则 Pandas 系统自动建立 np.arange(n)索引表。索引表与数据项的元素个数一一对应。也可以把索引看作数据的标签。
- dtype:数据类型(见表 11.1)。如果没有声明,Pandas 将自动推断数据类型。
- name:数据名,是可选项。

上述的数据表、索引表、数据类型、数据表名称,可以简称"两表一型一名"。Series 的结构如图 11.2 所示。

创建 Series 对象的方法非常多,数据表可由单个任意对象(数字、字符串、函数、类等)构成,

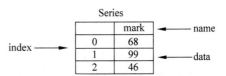

图 11.2　Series 数据类型的结构

也可以由对象容器(list、tuple、dict 等)构成。但是不可以使用集合 set 数据构建 Series (因为 set 不是序列数据类型)。使用一行 Python 代码就能将单个对象或序列对象封装为 Series 对象。

【例 11.1】 创建 Series 对象的示例。

以下代码演示了由整数、浮点数、列表、元组、字典、函数对象创建 Series 对象(注意, 函数也是对象,可以创建 Series 对象)。

```python
import pandas as pd

data = [5,
        3.3,
        ['o', 'k'],
        ('o', 'k'),
        {"name": "nick", "age": 12},
        print]
for i in data:
    print(pd.Series(i))
```

上述代码运行结果如下:

```
0    5
dtype: int64
0    3.3
dtype: float64
0    o
1    k
dtype: object
0    o
1    k
dtype: object
name    nick
age      12
dtype: object
0    <built-in function print>
dtype: object
```

另外,Series 对象的索引值可以不唯一(允许出现相同的索引值),如:

```
>>> s = pd.Series([23,44,55,7,34],['a','b','a','c','e'])
>>> s
a    23
b    44
a    55
c     7
e    34
dtype: int64
```

可以把 Series 对象看成一个离散函数：$y=f(x)$，其中，x 为索引值，y 为值。不过，x 对应的 y 值并不一定唯一。

11.3.2 Series 的属性

Series 提供了属性信息描述其基本结构与特征。表 11.2 是常用的 Series 属性。

表 11.2 常用的 Series 属性

属 性 名 称	返回值说明
Series. values	返回 Series 对象的 NumPy 一维向量表示形式
Series. index	返回 Series 对象索引
Series. dtypes	返回 Series 对象中的 dtype
Series. name	返回 Series 对象的 name
Series. axes	返回一个 Series 对象轴的 RangeIndex
Series. ndim	返回一个表示轴数/数组维数的整数
Series. size	返回一个表示此对象中元素数量的 int
Series. shape	返回一个表示 Series 维数的元组
Series. empty	返回 Series 是否为空
Series. hasnans	返回对象中元素是否有 NaN 数据

为了便于了解 Series 对象的属性，可以通过图 11.3 所示的例子了解一下 Series 常用属性信息。

```
>> dictionary1 ={"name": "nick","age": 12,
   "sex": "male")
>> import pandas as pd
>> sp=pd.Series(dictionary1,name="table")
>>sp
name   nick
age    12
sex    male
Name: table, dtype:object
```

```
sp.values ==> ['nick' 12 'male']
sp.index == Index(['name', 'age','sex'], dtype='object')
sp.name ==> table
sp.array ==> <PandasArray>['nick', 12,'male']Length:
3, dtype: object
sp.dtype ==> object
sp.shape ==> (3,)
sp.ndim ==> 1
sp.size ==> 3
sp.hasnans ==> False
```

图 11.3 Series 对象属性示例

11.3.3 Series 对象的输入输出

Pandas 提供了强大、多源的数据输入输出接口，可以由文本文件（CSV、JSON、XML等）、Excel 文件、剪贴板、数据库、HDF5、网页等诸多数据源加载或保存 Series 与 DataFrame 对象。Series 与 DataFrame 对象的输入输出也称对象的反序列化与序列化（见表 11.3）。

表 11.3 Series 与 DataFrame 对象输入输出函数与数据格式

文件格式	数 据 源	读函数（Reader）	写函数（Writer）
文本（text）	CSV	read_csv()	to_csv()
	Fixed-width Text File	read_fwf()	
	JSON	read_json()	to_json()
	HTML	read_html()	to_html()
	剪贴板	read_clipboard()	to_ clipboard()

续表

文件格式	数 据 源	读函数(Reader)	写函数(Writer)
二进制 (binary)	Excel 文件	read_excel()	to_excel()
	OpenDocument	read_excel()	
	HDF5	read_hdf()	to_hdf()
	Feather Format	read_feather()	to_feather()
	Parquet Format	read_parquet()	to_parquet()
	ORC Format	read_orc()	
	Msgpack	read_msgpack()	to_msgpack()
	Stata	read_stata()	to_stata()
	SAS	read_sas()	
	SPSS	read_spss()	
	Python PickleFormat	read_pickle()	to_pickle()
SQL	SQL	read_sql	to_sql()
	Google BigQuery	read_gbq()	to_gbq()

将 Series 对象保存到文件的过程称为对象的序列化。如 Series 对象可以由 to_csv() 函数,将 Series 对象保存到 CSV 格式的文件中(若保存表头则设置函数的参数: head= True,否则 head=False);使用 read_csv()函数,读入 CSV 文件,得到 Series 对象。

【例 11.2】 Series 对象输入输出的示例。

```python
import pandas as pd
s = pd.Series(list('hello'))
print(s)
# 将 s 对象保存到 s.csv 文件中
with open('d:/s.csv', 'w') as fout:
    s.to_csv(fout, header = True, index_label = 'index.')
# 读入 s.csv 文件,得到 s1 对象
with open('d:/s.csv', 'r') as fin:
    s1 = pd.read_csv(fin, header = 0)

print(s1)
```

上述代码演示了 Series 对象的输入输出。首先创建 s 对象,然后将对象保存到 s.csv 文件中,读入 s.csv 文件得到 s2 对象。

提示:数据读入后,开发人员要审核 Pandas 自动解析的数据类型,Pandas 不一定 100%正确解析数据文件中的数据类型,可能需要调用本章"11.2.3 数据类型转换"介绍 的函数。

Series 对象可以在内存或文件实现序列化,转换为 list、dict、JSON 等格式,代码如下。

```python
print(s.to_list())
print(s.to_json())
print(s.to_dict())
```

运行结果：

```
['h', 'e', 'l', 'l', 'o']
{"0":"h","1":"e","2":"l","3":"l","4":"o"}
{0: 'h', 1: 'e', 2: 'l', 3: 'l', 4: 'o'}}
```

在获取了 Series 对象（如 students）后，为了便于观察，通常可以显示一些数据样本。如：查看前 n 条数据或后 n 条数据，可以使用以下两个函数：

- s. head(n)。
- s. tail(n)。

11.3.4　Series 内的遍历

1. Series 内元素值的遍历

可以直接使用 for 循环语句，从 Series 对象中取出数据，代码如下。

```
dictionary1 = {"name": "nick", "age": 12, "sex": "male"}
s = pd.Series(dictionary1,name = "table")
>>> [i for i in s]
['nick', 12, 'male']
```

2. Series 内索引的遍历

可以直接使用 for 循环语句，从 Series. keys()对象中取出索引数据，代码如下。

```
>>> [i for i in s.keys()]
['name', 'age', 'sex']
```

3. Series 内索引和值的遍历

可以直接使用 for 循环语句，从 Series. iteritems()对象中取出索引和数据，代码如下。

```
>>> [str(i) + '->' + str(j) for i,j in s5.iteritems()]
['name->nick', 'age->12', 'sex->male']
```

11.3.5　Series 数据清洗

数据清洗（data cleaning）是指对数据进行审查和校验的过程，目的在于删除重复信息、纠正存在的错误，保证数据一致性。如：可用 duplicated()发现重复数据，用 drop_duplicates()删除重复数据。除了 Series 的属性 Series. hasnans 检查发现无效数据外，Series 还提供了如表 11.4 所示的数据预处理函数。

表 11.4 常用的数据预处理函数

函 数 参 数	说 明
Series. isna(obj)、Series. isnull(obj)	显示缺失值的数据项
Series. notna(obj)、Series. notnull(obj)	显示非缺失值的数据项
Series. duplicated()	判断数据是否重复
Series. clip(lower＝x,upper＝y)	将越界值设为下限或上限
Series. drop_duplicates()	丢弃重复的数据项
Series. dropna(self[，axis，inplace，how])	丢弃非法值的数据项
Series. fillna(self[，value，method，axis，…])	填补非法或缺失值。如,用后面数据填充 method＝bfill/backfill,也可用任意值填充。用前面的数据填充 method＝pad/ffill
Series. interpolate(self[，method，axis，…])	交替采集数据项

11.3.6 Series 数据统计分析

数据分析是一个比较宽泛的概念,虽然不同专业对数据分析的层次有所差异,但是都需要了解数据的基本统计特性。Series 提供了许多数据统计分析函数。

为了便于后续教学实验,下面创建一个 Series 对象 students,代表学生某一科目的成绩,学生的姓名为索引,成绩为数据,学生名字与成绩均随机生成。

【例 11.3】 随机生成一个学生成绩单 Series 数据。

```python
import random
import pandas as pd
import numpy as np

def gen_fake_name(number = 10):
    """ 根据姓、名两个列表,生成 n 个假名字"""
    names = []
    for i in range(number):

        last_name = '赵钱孙李周吴郑王'
        sur_name = '丽国媛燕强飞侠平山峰婷凤凰华正近玉勇茂群益一兴'

        # 生成姓
        x = random.choices(last_name, k = 1)

        # 生成名,1~2 个汉字
        y = random.choices(sur_name, k = random.randrange(1,3))
        # 姓+名 得到名字,加入一个 list
        names.append("".join(x + y))
    return names

def gen_fake_mark(lowe = 40, high = 100, number = 10):
    """生成 low 到 high 之间的 number 个数字,成绩得分
    """
```

```
        return np.random.randint(low, high, number)

def gen_fake_students(n = 10):
    students = pd.Series(gen_fake_mark(number = n), index = gen_fake_name(n), name =
"Marks")
    return students

students = gen_fake_students()
print(students)
```

运行结果：

```
生成的实验数据如下:
郑侠山      84      李凰平      22
赵国丽      93      王玉近      58
钱正山      47      吴飞强      62
钱益山      36      李近丽      65
郑华婷      99      李山       11
郑媛飞      43
Name: Marks:, dtype: int32
```

主要函数如下：

```
students = pd.Series(gen_fake_mark(number = n), index = gen_fake_name(n),
        name = "Marks")
```

参数说明：

- index：学生姓名，随机在学生的姓、名两个表中取值，生成假名字。
- name：数据名称。

该函数随机生成 40～100 的整数。

函数调用方式：gen_fake_students(k)。

上述 students 对象的索引与数据项信息，可以采用如下代码获得。

```
print(students.index)
print(students.values)
print(students.shape)
```

运行结果：

```
Index(['赵国丽', '钱正山', '钱益山', '郑华婷', '郑媛飞', '李凰平', '王玉近', '吴飞强', '李山',
    '李近丽'], dtype = 'object')
[93 47 36 99 43 22 58 62 11 65]
(10,)
```

1. 数据总体特征 Series. describe()

该函数提供了 Series 对象数据总体特征，可以得到数据个数、均值、方差、最大值、最

小值、百分比分位数等。针对例 11.3,可以使用下列函数:

```
>>> students.describe()
```

得到如下信息:

```
count    10.000000
mean     53.600000        50%      52.500000
std      28.111682        75%      64.250000
min      11.000000        max      99.000000
25%       37.750000       Name: Marks:, dtype: float64
```

提示:可以指定百分比数的范围,如 students. describe(percentiles=[.05,.1,.2]),得到如下信息:

```
count    10.000000        mean     53.600000
std      28.111682        20%      33.200000
min      11.000000        50%      52.500000
5%        15.950000       max      99.000000
10%       20.900000       Name: Marks:, dtype: float64
```

2. 数据的统计特征

(1) Series 提供了常用的统计函数。这些函数可以统计对象内元素最大值、最小值、标准差、求和、均值、中值等。常用的函数如下。

- Series. max():最大值
- Series. min():最小值。
- Series. std():标准差。
- Series. sum():求和。
- Series. mean():均值。
- Series. median():中值。
- Series. quantile():四分位。
- Series. skew():偏度。
- Series. kurt():峰度。
- Series. mad():平均绝对偏差。
- Series. cov(students):协方差。
- Series. autocorr():自相关函数。

(2) Series 提供了计数功能函数。常用的函数有 Series. value_counts()、Series. unique()及 Series. nunique()。

如果 Series 容器内数据项个数相同,则可以用函数 Series. value_counts()。

为了便于观察,现将 students 的数据内容扩充一倍,可使用函数 students. repeat(2)来实现。

```
students1 = students.repeat(2)
print('number = ',students1.count())
students1.value_counts()
```

运行结果：

```
number = 20
62     2
93     2
...
65     2
Name: Marks:, dtype: int64
```

若查看 Series 对象不相同的数据，可以使用 Series. unique()及 Series. nunique()函数。这两个函数实际上是对数据表做元素去重运算，返回类型是一个新的 ndarray。

```
students1.unique()
Out[28]:
array([93, 47, 36, 99, 43, 22, 58, 62, 11, 65])
students1.nunique()
Out[29]:
10
```

（3）Series 提供了查找特定数据的功能。常用的函数有 Series. idxmin()、Series. idxmax()、Series. nlargest(n)、Series. nsmallest(n)，这些函数可以查找 Series 对象中元素的最大值、最小值对应的索引名、前 n 名、倒数 n 名。

如：在成绩单中，查找谁考的分数最高可用函数 students. idxmax()；查找谁考得最差可用函数 students. idxmin()；查看前 n 名可用函数 students. nlargest(n)；查看倒数 n 名可用函数 students. nsmallest(n)。

```
students.idxmin()
'李山'
students.idxmax()
'郑华婷'
```

显示前三名：

```
students.nlargest(3)
郑华婷     99
赵国丽     93
李近丽     65
Name: Marks:, dtype: int32
```

显示后三名：

```
students.nsmallest(3)
李山        11
李凰平      22
钱益山      36
Name: Marks:, dtype: int32
```

(4) Series 提供了数据累计变换操作。数据累计变换通常是指由前一条或所有数据,累计计算得到后面的数据。常用的函数有 Series. diff()、Series. cumsum()、Series. comprod()等。

① Series. diff()计算数据变化值。

该函数实现同一列后一条数据减去前一条数据的值,默认从 0 开始。如:新冠病毒每天疫情信息发布中,当天与前一天感染人数的变化情况可以使用此函数。针对 students 数据集样例代码如下。

```
students.diff()
赵国丽      NaN
钱正山     -46.0
...
李近丽     54.0
Name: Marks:, dtype: float64
```

② Series. cumsum()累计求和。

该函数实现同一列后一条数据与其前面所有数据之和。如:新冠病毒每天疫情信息发布中,每天统计新冠病毒累计感染人数可以使用此函数。

针对 students 数据集样例代码如下。

```
students.cumsum()
赵国丽      93
钱正山     140
...
李近丽     536
Name: Marks:, dtype: int32
```

③ Series. comprod()累计求积。

该函数实现求同一列后一个数据与其前面所有数据之积。

注意,累计求积的数据会非常大,可能超出数据类型所能表达的范围。

```
students.cumprod()
赵国丽            93
钱正山          4371
...
李近丽     -1640547552
Name: Marks:, dtype: int32
```

④ 累计求最小值 Series. cummin( )、最大值 Series. cummax( )。

该函数按照前一个数据的值来设定后一个值,如果大于(小于)前一个值,则设为前一个值,如果小于(大于)前一个值,则不改变,以此类推。

```
students.cummin(),students.cummax()
赵国丽      93
钱正山      47
…
李近丽      11
Name: Marks:, dtype: int32
```

11.3.7 Series 数据的定位与选取

数据的定位与选取就是从 Series 对象中选取所需的数据,通常可以根据索引值、逻辑条件来筛选出所需要的数据。

1. 通过索引值或标签来定位与选取数据

相关的函数如表 11.5 所示。

表 11.5　Series 对象中元素的定位

函 数 名 称	说　　　明
Series.get(self, key[, default])	从对象获取给定键的数据项
Series. loc( )	通过标签或布尔数组访问一组行和列
Series. iloc( )	基于整数位置的索引
Series. at( )	访问行/列标签对的单个值
Series. iat( )	通过整数位置访问行/列对的单个值

常用的两种获取数据方法如下。

(1) Series. loc[]:通过索引标签获取数据。

(2) Series. iloc[]:通过绝对索引位置整数获取数据。

Series 数据的索引定位示意如图 11.4 所示。

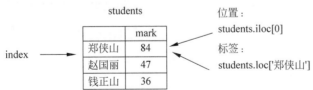

students.get['郑侠山']==students['郑侠山']= students.at['郑侠山']==students.iat[0]==students. loc['郑侠山']==students.iloc[0]

图 11.4　Series 数据的索引定位示意

【例 11.4】　Series 数据访问样例。

下面演示用不同的索引方法访问同一个对象,并验证是否是同一个对象。

```
import pandas as pd
srs = pd.Series(list('jupyter'),index = list('abcdefg'))
srs.get('d')
'y'
srs.get('d') == srs['d'] == srs.at['d'] == srs.iat[3] == srs.loc['d'] == srs.iloc[3]
True
```

可以看到,srs.get('d')、srs['d']、srs.at['d']、srs.iat[3]、srs.loc['d']、srs.iloc[3]访问的是同一个 Series 对象。

访问特定的行。可以使用 srs[[2,3]],获取第 3、4 行数据。

```
print(srs[[2,3]])
c    p
d    y
dtype: object
```

另外,Series 对象也支持切片操作。

```
srs[2:5] == srs['c':'e']        srs.iloc[2:4]
srs[2:5] == srs['c':'e']        srs.loc['c':'e']
c    True                       c    p
d    True                       d    y
e    True                       e    t
dtype: bool                     dtype: object
```

提示：iloc[]与 loc[]支持元素切片操作,iloc[]切片不含右端点,而 loc[]切片包含右端点。

2. 按照逻辑条件选取数据

Series 对象的数据可以按照 Series[逻辑条件]选择。如,可以提取分数大于 60 分的同学的数据。

```
students[students > 60]
钱丽强      67
李近近      62
郑平        78
Name: Marks:, dtype: int32
```

另外,也可将为空值的数据取出。

```
students[students.isnull()]
Series([], Name: Marks:, dtype: int32)
```

- students.notnull():有效数据。
- students.isnull():无效数据。

11.3.8　Series 的数据处理

数据的处理是通过操作获取新的数据集过程,也是数据类型转换、数值变换、重采样、再分析的一个过程。以下仅介绍数字型、字符型数据处理。有关日期型、类别型(categorical)数据在此不做介绍,可参阅 https://pandas.pydata.org/docs/reference/。

1. 数字型数据的列垂直运算

Series 对象可以按列的方向进行垂直运算(类似向量运算,Series 对象中的每一个元素都执行相同的运算)。支持数字型列向量与一个标量或向量之间进行如下运算: +、—、/、//、*、%、==、!=、>、<、>=、<=、^(二进制异或)、|(二进制或)、&(二进制与)。

【例 11.5】　Series 数字型数据的垂直运算。

以下代码演示 Series 数字型数据的垂直运算。

```
import pandas as pd
dictionary1 = {"name": "2336", "age": 12, "sex": "2"}
s5 = pd.Series(dictionary1,name = "table")
print(s5)
name      2336
age         12
sex          2
Name: table, dtype: object
```

注意,s5 数据类型 dtype 是 object,需要使用 s5.astype(int)将其转换为整型数据,才能进行相关计算。

```
s6 = s5.astype(int)
s6 + 100
name      2436
age        112
sex        102
Name: table, dtype: int32
```

当然也支持两个 Series 对象的相加。

```
s6 + s6
name      4672
age         24
sex          4
Name: table, dtype: int32
```

另外,还可以对 Series 对象内的元素数据进行排序,代码如下。

```
>>> s6.sort_values()
sex          2
age         12
```

```
name    2336
Name: table, dtype: int32
```

2. 字符型数据的列垂直运算

字符串的列向量垂直操作可以处理字符串数据列。相关的操作与字符串对应的函数用法一样。Series 字符型列向量常用的操作函数如图 11.5 所示。

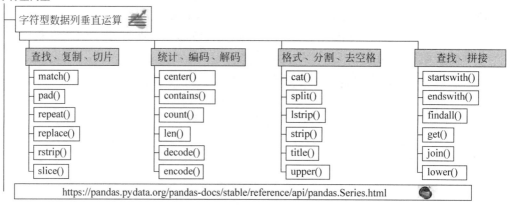

图 11.5　Series 字符型列向量常用的操作函数

使用方法：Series. str. * (* 为上面的函数)。

【例 11.6】　Series 中字符数据运算示例。

如下代码演示将 Python 关键字列表转换为大写。

```
import keyword
kw = pd.Series(keyword.kwlist)
kw.str.upper()
0          FALSE
1           NONE
...
34         YIELD
kw.str.findall('s')
0           [s]
...
9        [s, s]
...
34           []
dtype: object
```

11.3.9　Series 索引的操作

索引操作是针对 Series 对象的索引进行变换。

1. 索引复位 Series. reset_index()

reset_index()函数将 Series 对象的索引使用整数 $0\sim n$ 作为索引，生成一个新的 DataFrame 对象，原先该对象的索引占据一个列，数据占据一列。

【例 11.7】　Series 索引处理示例。

```
>>> import pandas as pd
>>> df = pd.Series('this is a test'. split(),index = list('abcd'))
>>> df
a     this
b       is
c        a
d     test
dtype: object
>>> type(df)
< class 'pandas.core.series.Series'>
>>> df1 = df. reset_index()
>>> df1
   index      0
0      a   this
1      b     is
2      c      a
3      d   test
>>> type(df1)
< class 'pandas.core.frame.DataFrame'>
```

若删除索引这一列，可以选择 drop＝True，则生成的新的对象为 Series 类型，代码如下：

```
>>> df2 = df. reset_index(drop = True)
>>> df2
0     this
1       is
2        a
3     test
dtype: object
>>> type(df2)
< class 'pandas.core.series.Series'>>>> df2
0     this
1       is
2        a
3     test
dtype: object
```

2. 索引重建 reindex()

此函数使用新的索引替代原有的索引，一般要求新的索引与原索引元素值相同，元素顺序可以任意调整。简而言之,就是将原先索引列表中的元素排序调整一下。切记,最好不要改变索引列表中的元素值,否则该索引元素对应的值将是 NaN。示例代码如下。

```
>>> df3 = df.reindex(list('dcab'))
>>> df3
d    test
c       a
a    this
b      is
dtype: object
```

注意,如果新的索引与原索引元素值有不相同的,则该索引列的数据将返回 NaN。

```
>>> df3 = df.reindex(list('pxyz'))
>>> df3
p    NaN
x    NaN
y    NaN
z    NaN
```

3. 索引重命名 rename()

索引改名只需将原索引名、新的索引名按照字典数据格式传给 rename()函数,代码如下。

```
>>> df.rename({'a':'A', 'b':'B'})
A    this
B      is
c       a
d    test
dtype: object
```

4. 索引排序 sort_index()

直接调用 Series.sort_index()函数即可将索引排序,代码如下。

```
>>> df3.sort_index()
a    this
b      is
c       a
d    test
dtype: object
```

另外,判断索引列的元素是否在一个表中,可以用 isin()函数,代码如下。

```
>>> df.index.isin(list('ajfk'))
array([ True, False, False, False])
```

11.3.10 Series 数据可视化

Pandas 对绘图库 Matplotlib 进行了封装,使用 Pandas 对 Series 对象数据进行绘图步骤极其简单(见图 11.6),读者无须了解 Matplotlib 即可高效绘制数据曲线图。

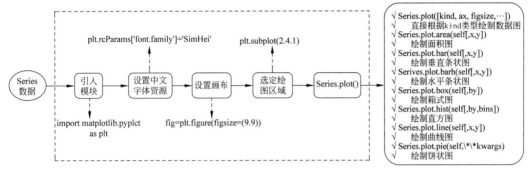

图 11.6 Series 数据可视化步骤

(1) 引入模块:import matplotlib. pyplot as plt。

(2) 设置中文字体资源:plt. rcParams['font. family']='SimHei'。

(3) 设置画布:fig=plt. figure(figsize=(9,9))。

(4) 选定区域绘图:plt. subplot(2,4,1)。

(5) 使用 Series. plot 绘图。可以使用 Series. plot()方法绘制常见的数据图。如 Series. plot([kind, ax, figsize, …]),根据 kind 类型绘制数据图。

可以绘制许多常见类型的图形:

- Series. plot. area(self[, x, y]),绘制面积图。
- Series. plot. bar(self[, x, y]),绘制垂直条状图。
- Series. plot. barh(self[, x, y]),绘制水平条状图。
- Series. plot. box(self[, by]),绘制箱式图。
- Series. plot. hist(self[, by, bins]),绘制直方图。
- Series. plot. line(self[, x, y]),绘制曲线图。
- Series. plot. pie(self,\ * \ * kwargs),绘制饼状图。

由于 Pandas 绘图功能比较传统,绘图效果比较一般,在此不做详细介绍。有关绘图内容,本书第 12 章将详细介绍。这里仅给出如下案例,让读者体验 Pandas 绘图的便利。

【例 11.8】 Series 数据绘图处理示例。数据来自例 11.3。

本案例将 Series 常见的绘图函数放到一个列表中,通过循环自动绘制常见的数据图。绘图效果如图 11.7 所示。

绘图代码如下。

```
import matplotlib.pyplot as plt
plt.rcParams['font.family'] = 'SimHei'
fig = plt.figure(figsize = (10,10) ,  dpi = 400)
```

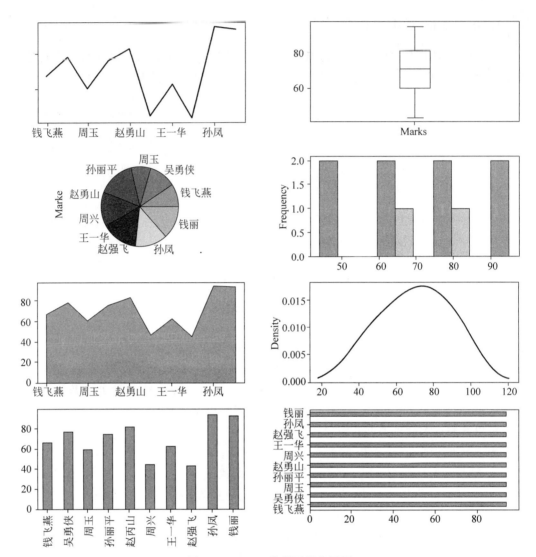

图 11.7   Series 数据可视化图例

```
plotDemo = [
        students.plot.line,
        students.plot.box,students.plot.pie,
        students.plot.hist,students.plot.area,
        students.plot.density,
        students.plot.bar,students.plot.barh,
        ]
for i,f in enumerate(plotDemo,1):
    plt.subplot(4,2,i)
    f()
plt.savefig("d:/kk.jpg",  dpi = 400 )
```

11.4 DataFrame

DataFrame是二维表结构的数据,其每一列都是Series对象,前面介绍的Series对象的所有操作相关知识点在DataFrame都适用,所以这部分内容不再重复介绍。

11.4.1 DataFrame对象的创建

DataFrame对象的创建与Series对象类似,只不过创建DataFrame的数据对象是 N 维数组或对象,而Series是一维数组或对象,DataFrame增加了列名参数。DataFrame对象可以直接从内存中创建,或者从外部文件、数据库、网络输入创建。

DataFrame数据结构如图11.8所示,其常用构造函数如下:

```
pandas.DataFrame(data, index, columns, dtype, copy)
```

图11.8 DataFrame数据结构

参数说明:

- data:数据,可以是NumPy的ndarray(结构化或同类)、iterable对象、dict(可以包含Series、数组、常量或类似列表的对象)。
- index:索引类型是xIndex or array-like形式的数据类型。如果没有输入数据的索引信息部分并且没有提供索引,则默认为RangeIndex。
- columns:列名称(二维表头)类型为Index or array-like。如果未提供列标签,则默认为RangeIndex(0,1,2,…,n)。
- dtype:数据类型,默认值为None,指定表列的数据类型。仅允许单个dtype。如果没有指定,则系统自动设定一种相近的数据类型。
- copy:布尔型,默认值为False,从输入中复制数据。

以下给出几个DataFrame对象创建案例代码。

【例11.9】 DataFrame对象创建案例代码。

(1) 使用字典值为列表(dict of list)数据创建。

使用字典值为列表(dict of list)数据创建DataFrame对象,如图11.9所示。

(2) 使用字典列表(list of dict)数据创建。

可以按照字典表(list of dict)方式创建DataFrame对象。如,使用下面代码创建一个与上面相同的DataFrame对象,如图11.10所示。

(3) 由NumPy的ndarray对象创建。

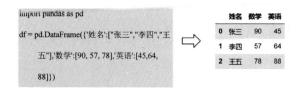

图 11.9　使用字典值为列表数据创建 DataFrame 对象

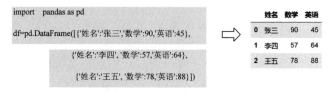

图 11.10　使用字典列表数据创建 DataFrame 对象

可以由 NumPy 的 ndarray 对象创建 DataFrame 对象,如图 11.11 所示。

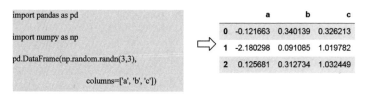

图 11.11　由 NumPy 的 ndarray 对象创建

(4) 由外部文件、数据库、剪贴板、网页创建。

DataFrame 对象的输入输出与 Series 对象的输入输出函数名一样的,参见表 11.4。读文本文件示例代码如图 11.12 所示。

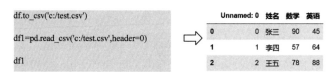

图 11.12　由外部文件创建

11.4.2　DataFrame 的属性

DataFrame 的属性有很多,大部分与 Series 属性名称相同(见表 11.6)。

表 11.6　DataFrame 的属性

属 性 名 称	说　　明
DataFrame.index	DataFrame 的索引(行标签)
DataFrame.columns	DataFrame 的列标签
DataFrame.dtypes	返回 DataFrame 中的 dtype
DataFrame.values	返回 DataFrame 的 NumPy 表示形式
DataFrame.axes	返回一个表示 DataFrame 轴的列表

续表

属 性 名 称	说　　明
DataFrame. ndim	返回一个表示轴数/数组维数的整数
DataFrame. size	返回一个表示此对象中元素的数量
DataFrame. shape	返回一个表示 DataFrame 维数的元组
DataFrame. empty	返回 DataFrame 是否为空

从 DataFrame 这些属性信息,可以了解对象基本信息,便于后续数据的处理。

11.4.3　DataFrame 数据的定位与切片

图 11.13 展示的是 DataFrame 数据定位与切片示意图,常见的数据切片访问方式与说明如表 11.7 所示。

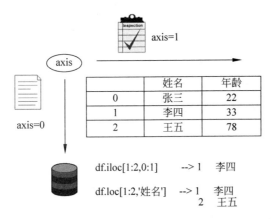

图 11.13　DataFrame 数据定位与切片示意图

表 11.7　DataFrame 常见的数据切片访问方式与说明

切　　片	说　　明
dataframe. iloc[i:j]	第 i 行到 j-1 行
dataframe. iloc[:,i:j]	第 i 列到 j-1 列
dataframe. iloc[[i,j,k]]	取 i,j,k 行
dataframe. loc[a:b]	索引标签第 a 行到 b 行
dataframe. loc[:,c:d]	索引标签第 c 列到 d 列
dataframe. loc[:,[a,b,c]]	取索引标签 a,b,c 列

其中,使用最频繁的是 dataframe. iloc 和 dataframe. loc 属性,数据可以按行、按列或按列进行定位与切片,以下通过代码演示相关操作,其中数据集是例 11.7 创建的 df 对象。

【例 11.10】　DataFrame 数据的定位与切片示例。

(1) 按行或按列访问数据,结果分别如图 11.14 和图 11.15 所示。

df.iloc[1:3]		
姓名	**数学**	**英语**
1 李四	57	64
2 王五	78	88

图11.14 按行访问数据

df.iloc[:,[1,2]]	
数学	**英语**
0 90	45
1 57	64
2 78	88

图11.15 按列访问数据

(2) 按照行列,进行切片访问数据。

图11.16为按行列进行切片,图11.17为按照行列进行切片访问数据。

df.iloc[1:,1:]	
数学	**英语**
1 57	64
2 78	88

图11.16 按行列进行切片

df.loc[1:,['姓名','英语']]	
姓名	**英语**
1 李四	64
2 王五	88

图11.17 访问数据

11.4.4 DataFrame 数据的遍历

DataFrame 提供了遍历列名、遍历行与列的函数,以下通过代码演示。

【例11.11】 遍历 DataFrame 数据示例。

(1) 遍历列名。

遍历 DataFrame 的列,可以使用 for 对 df 或 df.keys()对象遍历,针对例11.7中的数据集 df,代码如下。

```
>>> [i for i in df]
['姓名', '数学', '英语']
>>> [i for i in df.keys()]
['姓名', '数学', '英语']按照列、行遍历数据
```

(2) 按列遍历数据。

df.iteritems()按列遍历,将 DataFrame 的每一列迭代为(列名,Series)对象,使用 for 对 df.iteritems()对象的遍历代码如下。

```
for col, ser in df.iteritems():
    print(col,ser)
```

运行结果:

```
姓名0     张三
1    李四
2    王五
Name: 姓名, dtype: object
数学0     90
1    57
```

```
2     78
Name: 数学, dtype: int64
英语 0     45
1     64
2     88
Name: 英语, dtype: int64
```

（3）按行遍历数据。

可以使用df.iterrows()、df.itertuples()函数按行遍历df中的数据，将DataFrame的每一行迭代为(index，Series)对象，代码如下。

```
for row in df.iterrows():
    print(row)
for row in df.itertuples():
    print(row)
```

运行结果：

```
(0, 姓名     张三
数学     90
英语     45
Name: 0, dtype: object)
Pandas(Index = 0, 姓名 = '张三', 数学 = 90, 英语 = 45)
Pandas(Index = 1, 姓名 = '李四', 数学 = 57, 英语 = 64)
Pandas(Index = 2, 姓名 = '王五', 数学 = 78, 英语 = 88)
```

11.4.5　DataFrame数据的修改

可以把DataFrame对象看作一个内存中的数据库或容器，对DataFrame的修改可以针对结构或数据。

1. 增加一行数据

直接通过df.loc[]属性，将数据赋值即可。图11.18为增加一行姓名为"赵六"的数据。

```
df.loc[8,:] = ['赵六',84,92]
```

2. 删除行

按行删除数据，直接使用df.drop()函数指定行号即可，图11.19和图11.20演示的是删除行操作。

```
b = df.drop([0,1])
db = df.drop(df.index[1:4])
```

	姓名	数学	英语
0	张三	90.0	45.0
1	李四	57.0	64.0
2	王五	78.0	88.0
8	赵六	84.0	92.0

图 11.18 增加一行数据

	姓名	数学	英语
2	王五	78	88

图 11.19 删除行 1

	姓名	数学	英语
0	张三	90	45

图 11.20 删除行 2

3. 交换两行数据

如果需要将两行数据的调换位置,可以使用 df.loc[]赋值方法,图 11.21 显示的是交换两行数据。

```
df.loc[[1,2],:] = df.loc[[2,1],:].values
```

4. 增加一列数据

增加一列数据直接通过 df[新的列名]=数据即可。如:为 df 数据增加"性别"一列,可使用如下代码:

```
>>> df['性别'] = ['男','女','男']
>>> df
   姓名   数学   英语   性别
0  张三   90    45    男
1  李四   57    64    女
2  王五   78    88    男
```

5. 删除列

删除列的操作可以使用 del、df.drop()、df.pop()函数实现。以下 5 种方法都可以完成同样的结果,如图 11.22 所示。

	姓名	数学	英语
0	张三	90	45
1	李四	57	64
2	张飞	34	98
3	王五	78	88

图 11.21 交换两行数据

	姓名	数学
0	张三	90
1	李四	57
2	王五	78

图 11.22 删除列

【例 11.12】 删除 DataFrame 数据列的示例。

以下代码演示删除数据集 df 的"英语"这一列数据。

- del df['英语']
- df = df.drop('英语',1)
- df.pop('英语')
- df.drop('英语',axis = 1, inplace = True)

- df.drop([df.columns[2]], axis = 1, inplace = True)

6. 交换两列的值

如果需要将两列数据的调换以下位置,可以同样使用 df.loc[]赋值方法,图 11.23 显示的是交换两列的值。

```
df.loc[:,['数学', '英语']] = df.loc[:,[ '英语','数学']].values
```

7. DataFrame 数据修改

DataFrame 数据修改有点像文本替换数据,需要按照字典形式,将列名以及原先的值与替换后的值按照字典形式参数传递给 df.replace()函数。针对 df 演示代码如下(见图 11.24)。

```
df.replace({'姓名':{'李四':'牛人'},'数学':{78: 100}})
```

	姓名	数学	英语
0	张三	45	90
1	李四	64	57
2	张飞	98	34
3	王五	88	78

图 11.23　交换两列的值

	姓名	数学	英语
0	张三	90	45
1	牛人	57	64
2	王五	100	88

图 11.24　数据修改

另外还可以对对数据按列排序。数据的排序是指按照 DataFrame 一列或 n 列对数据进行排序,相关的函数是 DataFrame.sort_values(),该函数与 Series.sort_values()函数用法一样。参数的默认值是 ascending = True,按照升序排序,若按照降序排列则 ascending=False。

【例 11.13】　DataFrame 数据排序示例。

按照"数学""英语"列分别进行升序或降序排列,运行结果如图 11.25 和图 11.26 所示。

	姓名	数学	英语
1	李四	57	64
2	王五	78	88
0	张三	90	45

图 11.25　数据排序 1

	姓名	数学	英语
0	张三	90	45
2	王五	78	88
1	李四	57	64

图 11.26　数据排序 2

```
df.sort_values(['数学', '英语'])     df.sort_values(['数学', '英语'],ascending = False)
```

8. 索引与数据列改名

如果要重命名 DataFrame 的索引或者列,使用 df.rename()函数,参数为要重命名的索引或列名(按照字典形式),代码如下。

```
df.rename(index = {'好':'好 one'},columns = {'col1':'new_col1'})
```

11.4.6 数据的向量垂直化计算

DataFrame 对象中的任何一列都是 Series 对象,可以执行 Series 数据向量垂直化运算。这部分内容与 Series 数据(数字、字符串)的向量垂直化计算操作相同,在此不再重复介绍。另外,可以使用 DataFrame.apply() 按行或按列运算。

【例 11.14】 DataFrame 数据列的运算示例。

如:给 df 增加一列"总分",其中,总分=数学+英语。

```
>>> df['总分'] = df[['数学','英语']].apply(np.sum,axis = 1)
>>> df
   姓名  数学  英语   总分
0  张三   90   45   135
1  李四   57   64   121
2  王五   78   88   166
```

如果要统计"数学""英语"所在列的总分可以使用如下代码。

```
>>> df[['数学','英语']].apply(np.sum,axis = 0)
数学     225
英语     197
dtype: int64
```

再举一个例子,该例子检查 Dataframe 的 name 这一列数据,如果数据中含有 'li sun wang',则为 True,否则为 False,将检查结果作为一列,列名为 result1,将该列数据增加到 DataFrame 中,代码如下。

```
pp = pd.DataFrame({'name':['li', 'wang', 'lin', 'liu'],'age':[12,33,45,67]})
def check(x):
    return x in 'li sun wang'
pp['result1'] = pp['name'].apply(check)
```

运行结果如图 11.27 所示。

	name	age
0	li	12
1	wang	33
2	lin	45
3	liu	67

⇨

	name	age	result1
0	li	12	True
1	wang	33	True
2	lin	45	False
3	liu	67	False

图 11.27 数据的向量垂直化计算

11.4.7 DataFrame索引相关操作

1. 索引重建 reindex()

对 DataFrame 的数据按照行进行重新索引，生成新的数据集(见图 11.28)，未列入索引列表中的数据将不出现在新的数据集中，代码如下。

```
>>> df
   姓名  数学  英语
0  张三   90    45
1  李四   57    64
2  王五   78    88
>>> df1 = df.reindex([0,2])
>>> df1
   姓名  数学  英语
0  张三  90    45
2  王五  78    88
```

即：df.reindex([0,2]) 或者 df.reindex(index=[0, 2])。

另外，还可以使用 reindex()函数对 DataFrame 的数据按照列重新索引，生成新的数据集，如图 11.29 所示。

```
df.reindex(columns = ['姓名', '英语'])
```

	姓名	数学	英语
0	张三	90	45
2	王五	78	88

图 11.28 生成新的数据集

	姓名	英语
0	张三	45
1	李四	64
2	王五	88

图 11.29 生成新的数据集

2. 设定新的索引 set_index()

该函数可以将将某一列作为 DataFrame 的新索引，如图 11.30 所示。

```
df.set_index('数学')
```

3. 索引排序 sort_index()

另外,索引也可以排序,可使用 sort_index() 函数,其参数默认是升序排列,即 ascending＝True,如果要降序排列,则 ascending＝False。代码运行结果如图 11.31 所示。

```
df.sort_index(ascending = False)
```

数学	姓名	英语
90	张三	45
57	李四	64
78	王五	88

图 11.30　将某一列作为新的索引

姓名	数学	英语
2 王五	78	88
1 李四	57	64
0 张三	90	45

图 11.31　索引排序

4. 创建多级索引

多级索引常用在分类汇总或透视图表中,类似于一本书的章节目录。多级索引常用以下三种方法建立。

(1) 直接由元组创建多级索引。

```
>>> tuples = [('Class.1','a'),('Class.1','b'),('Class.2','a'),('Class.2','b')]
>>> mul_index = pd.MultiIndex.from_tuples(tuples,names = ('class','name'))
>>> df = pd.DataFrame(range(4),index = mul_index)
>>> df
                0
class   name
Class.1 a       0
        b       1
Class.2 a       2
        b       3
```

(2) 通过两个列表的乘积运算来生成多级索引。

```
>>> list1 = list('AB')
>>> list2 = list('efgh')L2 = ['a','b']
>>> m_index = pd.MultiIndex.from_product([list1,list2],names = ('class','name'))
>>> df = pd.DataFrame(range(len(list2) * len(list1)),index = m_index)
>>> df
                0
class name
A     e         0
      f         1
      g         2
```

```
         h     3
B        e     4
         f     5
         g     6
         h     7
```

（3）指定 df 中的列创建（set_index()方法）。

```
df_using_mul = df.set_index(['Class','Address'])
df_using_mul.head()
```

11.4.8 DataFrame 数据统计与分析

DataFrame 常用的统计函数与 Series 对象大部分相同。主要有 df. describe()、df. lookup()、df. quantile()、df. count()、df. any()、df. all()、df. sum()、df. prod()、df. mean (axis＝1)、df. var()、df. prod()、df. skew()、df. kurt()、df. mad()、df. idxmax()、df. idxmin()、df. rank()。下面仅介绍几个常用函数的使用方法。

1. 数据排名统计函数 df. rank()

数据排名是任何数据集都会用到的统计操作，可以用 df. rank()函数实现，函数命令格式如下：

```
rank(axis = 0, method = 'average', numeric_only = None, na_option = 'keep', ascending = True, pct = False)
```

功能：沿着某个轴（0 或者 1）计算对象的排名。

返回值：以 Series 或者 DataFrame 的类型返回数据的排名。

参数说明：

- axis：设置沿着哪个轴计算排名（0 或者 1）。
- method：取值可以为'average'，'first'，'min', 'max'，'dense'。
- numeric_only：是否仅仅计算数字型的列，布尔值。
- na_option：NaN 值是否参与排序及如何排序（'keep', 'top', 'bottom'）。
- ascending：设定是升序排列还是降序排列。
- pct：是否以排名的百分比显示排名（所有排名与最大排名的百分比）。

如：针对前面的数据集 df，数学与英语成绩的排名（见图 11.32）代码如下：

```
df['数学排名'] = df.数学.rank(pct = True)
df['英语排名'] = df['英语'].rank()
```

由于仅是按照对数据大小进行排序，有些异常数据往往处于排名的最前面或后面，因此，DataFrame 又提供了 clip()函数，可以将异常数据截取到一定数据范围。该函数可以将越界的数据设置为边界值，如图 11.33 所示。clip(lower＝60，upper＝100)函数将小于 lower 值的值赋为 lower 值,将大于 upper 的值赋值为 upper。

```
df.数学.clip(lower = 60, upper = 100)
```

	姓名	数学	英语	数学排名	英语排名
0	张三	90	45	1.000000	1.0
1	李四	57	64	0.333333	2.0
2	王五	78	88	0.666667	3.0

图 11.32　显示数学与英语成绩排名

```
0    90
1    60
2    78
Name: 数学, dtype: int64
```

图 11.33　设置边界值

针对上述 rank() 排名数据,还可以使用 df.corr() 函数,该函数用于计算列对象之间的皮尔逊相关系数,可以用来分析哪些数据与排名相关(见图 11.34)。

```
df.corr()
```

另外,还可以分析某一列与其他列的相关性。图 11.35 是“英语”与其他列的皮尔逊相关系数值。

```
df.corrwith(df['英语'])
```

	数学	英语	数学排名	英语排名
数学	1.000000	-0.295892	0.987829	-0.359211
英语	-0.295892	1.000000	-0.440868	0.997754
数学排名	0.987829	-0.440868	1.000000	-0.500000
英语排名	-0.359211	0.997754	-0.500000	1.000000

图 11.34　皮尔逊相关

```
数学       -0.295892
英语        1.000000
数学排名   -0.440868
英语排名    0.997754
dtype: float64
```

图 11.35　英语与其他列相关性

2. 分组统计函数 groupby()

Pandas 提供了一个灵活高效的分组统计函数 groupby(),它根据一个或多个键(可以是函数、数组或 DataFrame 列名)拆分 DataFrame 对象。可对分组后的对象进行统计,如计数,求平均值和标准差,或用使用户自定义函数求值。groupby() 函数格式如下:

```
groupby(self, by = None, axis = 0, level = None, as_index: bool = True, sort: bool = True,
group_keys: bool = True, squeeze: bool = False, observed: bool = False)
```

参数说明:

- by：映射,功能,标签或标签列表。
- axis：{0 或“索引”,1 或“列”},默认为 0 沿行(0)或列(1)拆分。
- level：级别,级别名称或此类的序列,整数,默认为无。如果轴是 MultiIndex(分层),则按一个或多个特定级别分组。

- as_index：布尔值，默认为 True。
- sort：布尔值，默认为 True。
- group_keys：布尔值，默认为 True。调用时，将组键添加到索引以识别片段。
- squeeze：布尔值，默认为 False。如果可能，减小返回类型的维数，否则返回一致的类型。
- observed：布尔值，默认为 False。

df.groupby()函数可以使用很多函数，完成汇聚（reduce）计算。这些函数如表 11.8 所示。

表 11.8　df.groupby()相关的 汇聚（reduce）函数（以下函数的前缀是 df.groupby().）

函数名称	说　　明	函数名称	说　　明
.all()	判断组内元素是否都为 True	.nth()	第 n 行
.any()	判断是否都为 True	.max()	最大值
.count()	统计非空数据	.min()	最小值
.size()	组的元素个数（含空数据）	.mean()	均值
.idxmax()	最大值的索引号	.median()	中位数
.idxmin()	最小值的索引号	.sem()	标准差
.quantile()	组的分位数	.var()	方差
.agg(func)	对组执行函数运算	.prod()	乘积
.last()	组内最后值	.sum()	求和

示例代码如下，代码运行结果如图 11.36 所示。

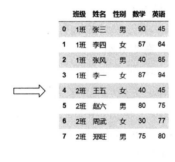

图 11.36　创建一个 DataFrame 对象

分组统计，代码如下，运行示意如图 11.37 所示。

```
df.groupby(['班级','性别']).agg([min,max])
df.groupby('班级').median()
df.groupby('班级').median()[['英语']]
```

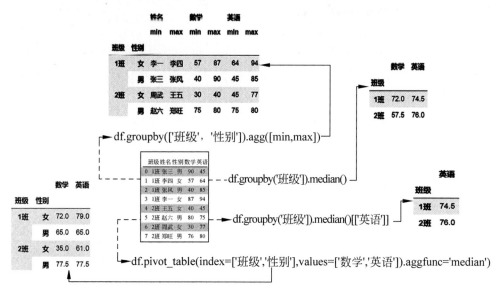

图 11.37　DataFrame 数据分组统计

3. 数据透视表函数 pivot_table()

透视表是一种可以对数据动态排布并且分类汇总的表格格式。函数使用方式如下：

```
pivot_table(data, values = None, index = None, columns = None,aggfunc = 'mean', fill_value = None, margins = False, dropna = True, margins_name = 'All')
```

参数说明：

- data：DataFrame 对象。
- values：要完成的聚合操作的列，可选。
- index：列或分组。
- columns：列或分组。
- aggfunc：汇聚函数，默认使用 NumPy 中的 numpy.mean()函数。
- fill_value：标量，填充缺失值，默认值为 None。
- margins：布尔值，默认值为 False,在行、列的末尾加一行或一列分组求和。
- dropna：布尔值，默认值为 True,不包含所有事 NaN 的列。
- margins_name：字符串行、列分组求和的名称，默认值为'All'。

其中,pivot_table()有四个最重要的参数 index、values、columns、aggfunc。通常 pivot_table()函数创建的透视表,显示的数据为定制的汇聚函数。

班级	性别	数学	英语
1班	女	72.0	79.0
	男	65.0	65.0
2班	女	35.0	61.0
	男	77.5	77.5

图 11.38　透视表

以下为示例代码,运行结果如图 11.38 所示。

```
df.pivot_table(index = ['班级','性别'],values = ['数学','英语'],aggfunc = 'median')
```

4. 数据分箱函数 cut()

该函数用来把一组数据分割成离散的区间。例如有一组年龄数据,可将数据分割成不同的年龄段并打上标签。函数格式如下:

```
cut(x, bins, right = True, labels = None, retbins = False, precision = 3, include_lowest = False,
duplicates = 'raise')
```

参数说明:

- x：被切分的数据,必须是一维的(不能用 DataFrame)。
- bins：被切割后的区间(或者叫"桶""箱""面元")。
- right：布尔型参数,默认值为 True,表示是否包含区间右部。例如,如果 bins=[1,2,3],right=True,则区间为(1,2],(2,3];如果 right=False,则区间为(1,2),(2,3)。
- labels：给分割后的 bins 打标签。例如,把年龄 x 分割成年龄段 bins 后,可以给年龄段打上诸如青年、中年的标签。labels 的长度必须和划分后的区间长度相等,例如 bins=[1,2,3],划分后有两个区间(1,2],(2,3],则 labels 的长度必须为 2。如果指定 labels=False,则返回 x 中的数据在第几个 bin 中(从 0 开始)。
- retbins：布尔型参数,表示是否将分割后的 bins 返回,当 bins 为一个整型的标量时比较有用,这样可以得到划分后的区间,默认值为 False。
- precision：保留区间小数点的位数,默认值为 3。
- include_lowest：布尔型参数,表示区间的左边是开的还是闭的,默认值为 False,也就是不包含区间左部(闭的)。
- duplicates：是否允许重复区间。有两种选择：raise,不允许；drop,允许。
- bins：分隔后的区间,当指定 retbins 为 True 时返回。

```
ages = np.array([1,5,10,40,36,12,58,62,77,89,100,18,20,25,30,32]) #年龄数据
pd.cut(ages, 5, labels = [u"婴儿",u"青年",u"中年",u"壮年",u"老年"])
ages = np.array([1,5,10,40,36,12,58,62,77,89,100,18,20,25,30,32]) #年龄数据
pd.cut(ages, [0,5,20,30,50,100], labels = [u"婴儿",u"青年",u"中年",u"壮年",u"老年"])
```

5. 数据融合函数 melt()

该函数将指定的列铺开放到行上,名为 variable(可指定)列,值在 value(可指定)列。函数的命令格式如下:

```
melt(data, id_vars = None, value_vars = None, var_name = None, value_name = 'value', col_level =
None)
```

参数说明:

- data：DataFrame 对象。

- id_vars：用来标识变量的列，类型可以是 tuple、lis、ndarray。
- value_vars：类型可以是 tuple、lis、ndarray，用来取消旋转的列。
- var_name：标量变量的名称。
- value_name：变量默认为 'value'。
- col_level：列的级别。

可以将变量放在同一列显示，如图 11.39 所示。

```
pd.melt(df,id_vars = ['姓名'],value_vars = ['数学','英语'])
```

6. 生成虚拟变量列 get_dummies()

虚拟变量有时称为指标变量，变量的值为 1 或 0(类似 one-hot 编码)。此变量通常指示二分类特征。例如，在成绩数据框中，可以将性别的类别增加两列，如图 11.40 所示。

```
>>> df['性别'] = ['男','女','男']
>>> df
   姓名   数学   英语  性别
0  张三   90   45   男
1  李四   57   64   女
2  王五   78   88   男
>>> pd.get_dummies(df,columns = ['性别'],prefix = 'sex')
```

	姓名	variable	value
0	张三	数学	90
1	李四	数学	57
2	张风	数学	40
3	李一	数学	87
4	王五	数学	40
5	赵六	数学	80

图 11.39 将变量放在一列显示

	班级	姓名	数学	英语	sex_女	sex_男
0	1班	张三	90	45	0	1
1	1班	李四	57	64	1	0
2	1班	张风	40	85	0	1
3	1班	李一	87	94	1	0

图 11.40 增加两列(类似 one-hot 编码)虚拟变量

11.4.9 数据采样

数据采样是指从现有的数据集中选取一定数量的数据，组成新的数据集。在大数据与机器学习应用中，常常需要对数据进行采样。该函数的命令格式如下：

```
sample(n = None, frac = None, replace = False, weights = None, random_state = None, axis =
None,ignore_index = False)
```

参数说明：

- n：整数，可选。不能与 frac 一起使用。如果 frac = None，则默认值为 1。
- frac：浮点数，采样比例。

- replace：布尔值，默认值为 False，用于是否允许或禁止对同一行进行多次采样。
- weight：str 或 ndarray 类型数据，可选。默认按等概率加权。如果传递一个系列，将与索引上的目标对象对齐。在采样对象中未找到的权重中的索引值将被忽略。
- axis：轴，可以为{0 或'index'，1 或 'columns'，无}，默认值为无。

要采样的轴。接受轴号或名称。默认为给定数据类型的统计轴（系列和数据帧为 0）。

- ignore_index：布尔值，默认值为 False，如果为 True，则结果索引将标记为 0，1,…,n−1。

图 11.41 和图 11.42 为设置采样数和比率运行得到的结果图。

df.sample(n = 3)	df.sample(frac = 0.5)

	班级	姓名	性别	数学	英语
5	2班	赵六	男	80	75
6	2班	周武	女	30	77
1	1班	李四	女	57	64

图 11.41 设置采样数为 3

	班级	姓名	性别	数学	英语
3	1班	李一	女	87	94
0	1班	张三	男	90	45
6	2班	周武	女	30	77
4	2班	王五	女	40	45

图 11.42 设置比率为 0.5

11.4.10 数据整合

在分析数据之前，常常需要将多个 DataFrame 数据合并成一个新的数据集。

1. 数据整合函数 concat()

```
concat(objs, axis = 0, join = 'outer', join_axes = None, ignore_index = False,
keys = None, levels = None, names = None, verify_integrity = False, copy = True):
```

参数说明：
- objs：需要连接的对象集合，一般是列表或字典。
- axis：连接轴向（横向 axis＝0 或纵向 axis＝1）。
- join：参数为'outer'或'inner'。
- join_axes＝[]：指定自定义的索引。
- ignore_index＝True：重建索引。
- keys＝[]：创建层次化索引。

concat()只是单纯地把两个表拼接在一起，它不会消除重复数据，但是可以使用 drop_duplicates()方法实现去重。

参数 axis 是关键，它用于指定是行还是列，默认是 0。

当 axis＝0 时，pd.concat([df1，df2])的效果与 df1.append(df2)是相同的。

当 axis＝1 时，pd.concat([df1，df2]，axis＝1)的效果与 pd.merge(df1，df2，left_index＝True，right_index＝True，how＝'outer')是相同的。

【例 11.15】 DataFrame 数据合并示例。

图 11.43 为将 DataFrame 数据使用 concat()函数进行合并。

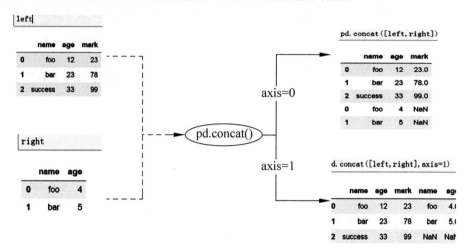

图 11.43 DataFrame 数据使用 concat()函数进行合并

2. 通过键拼接列函数 merge()

```
merge(left, right, how = 'inner', on = None, left_on = None, right_on = None, left_index =
False, right_index = False, sort = True, suffixes = ('_x', '_y'), copy = True, indicator =
False)
```

参数说明:

- left 和 right:两个不同的 DataFrame 数据。
- how:连接方式,有 inner、left、right、outer,默认为 inner。
- on:用于连接的列索引名称,必须存在于两个 DataFrame 中,如果没有指定,且其他参数也没有指定,则以两个 DataFrame 列名交集作为连接键。
- left_on:左侧 DataFrame 中用于连接键的列名,这个参数左右列名不同但代表的含义相同时非常有用。
- right_on:右侧 DataFrame 中用于连接键的列名。
- left_index:使用左侧 DataFrame 中的行索引作为两个 DataFrame 的连接键。
- right_index:使用右侧 DataFrame 中的行索引作为两个 DataFrame 的连接键。
- sort:默认值为 True,将合并的数据进行排序,设置为 False 可以提高性能。
- suffixes:字符串值组成的元组,用于指定当左右 DataFrame 存在相同列名时在列名后面附加的后缀名称,默认值为('_x', '_y')。
- copy:默认值为 True,总是将数据复制到数据结构中,设置为 False 可以提高性能。
- indicator:显示合并数据中数据的来源情况。

merge()类似于关系数据库的连接方式,可以根据一个或多个键将不同的 DatFrame 数据连接起来。该函数的典型应用场景是,针对同一个主键存在两张不同字段的表,根据主键将其整合到一张表里面。

merge()默认以重叠的列名当作连接键连接(how=inner),取 key 的交集,连接方式还有 left、right 和 outer。

```
>>> import pandas as pd
>>> df1 = pd.DataFrame({'key':['a','b','b','g'],'data1':range(4)})
>>> df2 = pd.DataFrame({'key':['a','b','c','k'],'data2':range(3,7)})
```

针对以上代码,pd.merge(df1,df2) 不同的合并方式如图 11.44 所示。

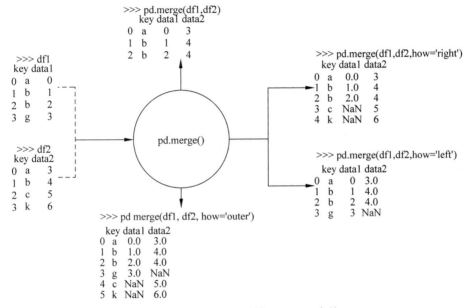

图 11.44 DataFrame 数据 merge()合并

如果两个对象的列名不同,则根据相同值进行融合,可以分别指定 df1 和 df2 的列名,代码如下:

```
>>> pd.merge(df1,df2,left_on = 'data1',right_on = 'data2')
   key_x  data1 key_y  data2
0     g      3     a      3
```

3. 根据索引合并函数 join()

```
join(self, other, on = None, how = 'left', lsuffix = '', rsuffix = '',sort = False)
```

其参数的意义与上述 merge()方法中的参数意义基本一样。

例如代码:

```
>>> df1.join(df2,how = 'left',lsuffix = 'left',rsuffix = 'right',sort = True)
```

输出结果如图 11.45 所示。

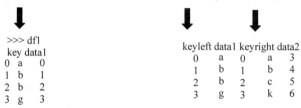

图 11.45 DataFrame 数据 join()合并

11.4.11 DataFrame 的数据可视化

DataFrame 数据的可视化与 Series 类似,常见的绘图函数如下。

- plot.hist(self[, by, bins]):绘制直方图。
- plot([x, y, kind, ax, …]):所有绘制图形的基础方法。
- plot.area(self[, x, y]):绘制面积图。
- plot.bar(self[, x, y]):绘制垂直条状图。
- plot.barh(self[, x, y]):绘制水平条状图。
- plot.box(self[, by]):绘制箱式图。
- plot.density(self[, bw_method, ind]):绘制密度图。
- plot.hist(self[, by, bins]):绘制各列的直方图。
- plot.line(self[, x, y]):绘制折线图。
- plot.pie(self, ** kwargs):绘制饼状图。
- plot.scatter(self, x, y[, s, c]):绘制散点图。
- boxplot(self[, column, by, ax, …]):绘制箱式图。
- hist(data[, column, by, grid, …]):绘制直方图。

【例 11.16】 DataFrame 数据可视化样例。

以下仅给出几个针对上述 df 数据的数据曲线的绘制,代码如下,结果如图 11.46～图 11.51 所示。

```python
import matplotlib.pyplot as plt
plt.rcParams['font.family'] = 'SimHei'
fig = plt.figure(figsize = (9,9))
ax = fig.add_subplot(3,3,1)
```

```
df.plot()
```

`<matplotlib.axes._subplots.AxesSubplot at 0x1f59c400>`

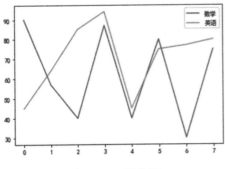

图 11.46　折线图

```
df.plot.bar()
```

`<matplotlib.axes._subplots.AxesSubplot at 0x1f59cd00`

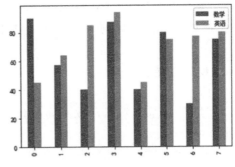

图 11.47　垂直条状图 1

```
df.plot.bar(stacked=True)
```

`<matplotlib.axes._subplots.AxesSubplot at 0x1e5f7550>`

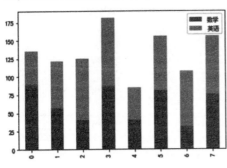

图 11.48　垂直条状图 2

```
df.plot.scatter(x='数学', y='英语')
```

`<matplotlib.axes._subplots.AxesSubplot at 0x1d49fc40>`

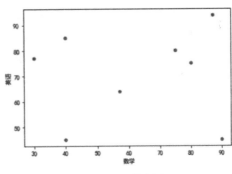

图 11.49　散点图

```
df.plot.hist()
```

`<matplotlib.axes._subplots.AxesSubplot at 0x1ce654c0>`

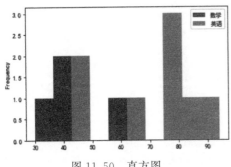

图 11.50　直方图

```
df.plot.hexbin(x='数学', y='英语', gridsize=25)
```

`<matplotlib.axes._subplots.AxesSubplot at 0x1cf68310`

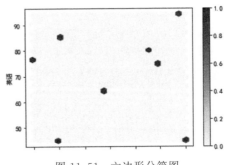

图 11.51　六边形分箱图

11.5 本章小结

本章主要介绍了 Pandas 数据类型，Series、DataFrame 数据的处理与可视化的基本方法，这些方法是从事数据科学与人工智能行业人员必备的技能。

11.6 习题

扫码观看

项目一：实验数据选取某高校计算机科学与技术专业 2019 年硕士招生调剂信息数据。

(1) 数据读取：读取 StudentsDataSet.xlsx 并转换为 DataFrame 数据格式。

(2) 查看调剂专业考生的本科院校、本科专业。

(3) 统计获得总分、数学前三名的考生。

(4) 绘出成绩统计图。

项目二：

(1) 下载全球新冠病毒实时数据(https://github.com/CSSEGISandData/COVID-19/tree/master/csse_covid_19_data/csse_covid_19_time_series)。

(2) 分析上述数据的形状维度、获取表结构索引与列的信息。

(3) 统计分析疫情最严重的国家和区域。

第 **12** 章

数据可视化

数据可视化是将枯燥的数字用图形化的方式表达的一种方式,也是数据分析的工作内容之一。数据可视化可以贯穿从数据的获取、预处理、统计分析、数据报表生成等数据分析的全过程。本章主要介绍 Seaborn 数据可视化的基本方法。

本章的学习目标:

- 掌握数据可视化的概念、目的与分类;
- 掌握 Seaborn 可视化四类数据特征关系;
- 掌握 Seaborn 绘制四类数据特征关系图的相关函数。

12.1 为什么要数据可视化

数据可视化主要是通过图形、符号、文字、颜色等图形化手段来清晰、有效地展现复杂的数据特征、数据与数据之间的关系、数据的发展趋势等相关信息,为决策提供相关的参考依据。数据可视化是数据分析的方法之一,好的数据可视作品可以更直观地显示数据隐含的信息,使得外行人能看懂数据所代表的含义。从图 12.1(来源于腾讯网)中可以直

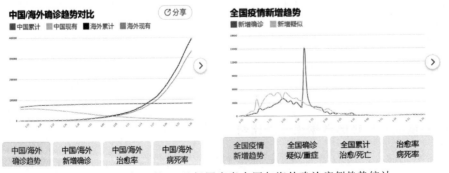

图 12.1 2020 年 3 月 27 日新冠病毒中国与海外确认病例趋势统计

观地看出 2020 年 3 月 27 日国内外新冠病毒疫情趋势。

从图 12.1 可以清晰地看到中国新冠病毒疫情的确诊数量趋于平稳,而海外确诊病例却几乎呈直线上升。由此可以推断出中国疫情已被控制,而海外疫情仍然处于爆发趋势,中国对新冠病毒的防控已经取得实质性的成效。

12.2　数据可视化揭示的几类数据特征关系

数据可视化可以分为文本数据可视化(已在第 9 章介绍)、数字数据可视化两大类。数据可视化前必须要清晰了解数据的内容含义、数据的格式、评估数据质量等,要揭示哪些数据或数据之间的关系特征。数据可视化常用来揭示四类数据特征关系。

1. 同一类数据自身的统计特征

同一类数据自身的统计特征主要揭示一维(或二维关联数据)的特征,常采用直方图、箱式图等形式来表达。如,给定一个研究生入学考试分数数据集(本书附带的教辅材料中包含该数据集,文件名为 st.xlsx),要求绘制考生数学成绩的分布,分析这批生源的数学基础水平(见图 12.2)。

2. 不同类别的数据之间的关联特征

不同类别的数据之间的关联特征主要揭示二维或二维以上数据之间的关联特征,如 x 与 y 之间变化关系的二维图。如分析复习时间与总分之间的关系,分析是不是复习时间越长,总分成绩越高(见图 12.3)。

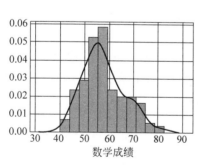

图 12.2　一维数据直方图

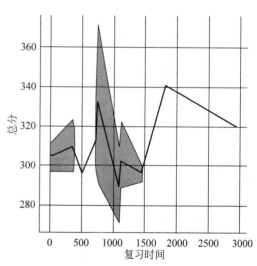

图 12.3　复习时间与总分关联特征

3. 不同类别属性的数据横向对比特征

不同类别属性的数据横向对比特征主要揭示不同组数据之间的对比特征。如,研究生入学考试中,对比男女生的总分情况(见图12.4)。

4. 数据与评估模型之间关系特征

数据与评估模型之间关系特征主要从更高层面上探讨数据模型。由现有的数据回归出模型,用模型对未来的数据做出预测等。常见的回归模性有线性回归和多项式回归模型。如,回归分析政治成绩与总分之间的关系模型(见图12.5)。

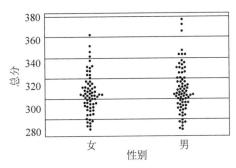

图12.4 男女生总分横向对比

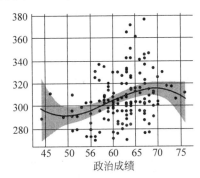

图12.5 政治成绩与总分回归模型

Python绘图工具很多,Matplotlib虽然应用最为广泛,但是它更趋近于底层的绘图,绘图效率不高,其他的工具还有很多酷炫的数据可视化效果的第三方库,但可以直接完全揭示上述四种关系的绘图工具并不多,Seaborn绘图工具库可以直接绘制上述四种数据关系图。下面介绍Seaborn绘图工具。

12.3 Seaborn 简介

Seaborn是一个基于Python制作统计图形的开源库。它建立在Matplotlib上,并与Pandas数据结构紧密集成。Seaborn绘图函数可以直接传入DataFrame对象,其绘图效率远远高于Matplotlib。Seaborn的安装比较简单,直接使用命令pip install -U seaborn可以完成安装。

Seaborn提供了面向数据集的函数(类似Pandas提供的函数),可以直观地检查单变量与多个变量数据之间的关系,可以绘制数据分布图、数据关系图、分类对比图、回归模型图等。

12.4 绘图准备工作

注:本章的所有示例代码都属于一个大的程序,所以本章中的代码未进行教学案例编号;数据文件为st.xlsx,可扫描前言"教学资源"二维码下载。

使用Seaborn绘图,首先要引入必要的模块,下面是惯用的导入库的语句:

```
import numpy as np
import matplotlib as mpl
```

```
import matplotlib.pyplot as plt
import seaborn as sns
from scipy import stats
% matplotlib inline
```

注意：对于中文显示必须增加如下两行配置，主要是解决汉字显示字体问题。

```
# 用来正常显示中文标签、正常显示负号,dpi 是输出图像的分辨率
rc = {'figure.dpi':300,'font.sans - serif':'SimHei','axes.unicode_minus':False}
sns.set(context = 'notebook', style = 'whitegrid', rc = rc)
```

以下主要介绍 Seanborn 四类图的制作，如图 12.6 所示。

```mermaid
graph TD
    A[Seaborn基本绘图] --> B[数据分布绘图]
    A --> C[数据关系绘图]
    A --> D[分类对比绘图]
    A --> E[回归模型绘图]
```

图 12.6 常用的 Seaborn 绘图类型

12.5 数据准备工作

使用 Seaborn 绘图前，要搞清楚数据集的格式、数据的含义、数据类型等信息。这里使用某校某年研究生入学复试数据，以 st.xlsx 数据文件来演示数据分析前的准备工作。

（1）读取数据源。students 对象为 DataFrame 数据类型。查看数据的 shape 属性。

```
import pandas as pd
students = pd.read_excel('st.xlsx')
# 查看数据的 shape 属性
students.shape
(143, 16)
```

可以看出，数据源有 143 条记录，每条记录有 16 列。
（2）查看样本数据。使用 head()函数，这里仅显示前两行数据，如图 12.7 所示。

```
students.head(2)
```

	id	性别	本科院校	本科专业	毕业年月	报考代码	英语分类	数学分类	专业课分类	报考院校	报考专业	英语成绩	政治成绩	数学成绩	专业课成绩	总分
0	101839215412437	男	东北石油大学	石油工程	201706	083500	英语一	数学二	软件工程专业综合（数据结构、操作系统和计	吉林大学	软件工程	50	67	127	133	377
1	106999501717073	男	长江师范学院	物联网工程	201907	081200	英语一	数学一	计算机专业基础	西北工业大学	计算机科学与技术	75	64	113	120	372

图 12.7 显示前两行数据

（3）查看 students 各列的数据类型。命令为 students. dtypes。

```
students.dtypes
id              int64
性别            object
本科院校         object
本科专业         object
毕业年月         int64
报考代码         object
英语分类         object
数学分类         object
专业课分类        object
报考院校         object
报考专业         object
英语成绩         int64
政治成绩         int64
数学成绩         int64
专业课成绩        int64
总分           int64
dtype: object
```

（4）查看 students 的基本统计信息，使用命令 students. describe()，结果如图 12.8 所示。

```
students.describe()
```

	id	毕业年月	英语成绩	政治成绩	数学成绩	专业课成绩	总分
count	1.430000e+02	143.000000	143.000000	143.000000	143.000000	143.000000	143.000000
mean	1.037044e+14	201846.524476	57.741259	61.958042	85.909091	101.363636	306.972028
std	5.198530e+12	112.201895	8.435934	5.514225	14.864604	15.744235	20.957349
min	1.000491e+14	201106.000000	40.000000	44.000000	60.000000	59.000000	270.000000
25%	1.024843e+14	201806.000000	52.000000	59.000000	75.000000	91.000000	293.500000
50%	1.028693e+14	201907.000000	56.000000	63.000000	84.000000	101.000000	304.000000
75%	1.035992e+14	201907.000000	62.500000	66.000000	96.500000	113.000000	317.000000
max	1.443092e+14	201907.000000	82.000000	76.000000	127.000000	135.000000	377.000000

图 12.8 查看学生的基本统计信息

（5）类型转换。

通过查看上述信息，发现 Pandas 对数据类型的自动推断不完全正确，问题如下：

- id 不是系统解析的 int64 类型，应该是字符串型；
- 毕业年月是时间类型，而不是系统解析的 int64 类型；
- 对于"英语分类""数学分类""专业课分类"等，系统解析的是 object 类型，占用内存较多，最好转换为 category 类型。

所以，需要对 Pandas 解析有问题的字段进行转换，代码如下。

```
students['id'] = students['id'].astype(str)
students['性别'] = students['性别'].astype("category")
```

```
students['毕业年月'] = pd.to_datetime(students['毕业年月'],format = '%Y%m')
students['英语分类'] = students['英语分类'].astype("category")
students['数学分类'] = students['数学分类'].astype("category")
students['专业课分类'] = students['专业课分类'].astype("category")
```

（6）增加一列数据"复习时间"，如图12.9所示，代码如下。

```
import datetime
students['复习时间'] = datetime.datetime(2019,7,1) - students['毕业年月']
students['复习时间'] = students['复习时间'].dt.days
students.to_excel('st1.xlsx')
students.head(2)
```

	id	性别	本科院校	本科专业	毕业年月	报考代码	英语分类	数学分类	专业课分类	报考院校	报考专业	英语成绩	政治成绩	数学成绩	专业课成绩	总分	复习时间
0	101839215412437	男	东北石油大学	石油工程	2017-06-01	083500	英语一	数学二	软件工程专业综合（数据结构、操作系统和计	吉林大学	软件工程	50	67	127	133	377	760
1	106999501717073	男	长江师范学院	物联网工程	2019-07-01	081200	英语一	数学二	计算机专业基础	西北工业大学	计算机科学与技术	75	64	113	120	372	0

图 12.9 增加一列数据"复习时间"

该列为考生本科毕业时间到录取时间（这里仅取天数，主要是为了区分应届生和往届复习生毕业年限），运行结果如下。

```
students.info()< class 'pandas.core.frame.DataFrame'> RangeIndex: 143 entries, 0 to 142Data
columns (total 17 columns):
 #   Column         Non - Null Count   Dtype       ---   ------   ----------   -----
 0   id             143 non - null     object
 1   性别            143 non - null     category
 2   本科院校        143 non - null     object
 3   本科专业        143 non - null     object
 4   毕业年月        143 non - null     datetime64[ns]
 5   报考代码        143 non - null     object
 6   英语分类        143 non - null     category
 7   数学分类        143 non - null     category
 8   专业课分类      143 non - null     category
 9   报考院校        143 non - null     object
 10  报考专业        143 non - null     object
 11  英语成绩        143 non - null     int64
 12  政治成绩        143 non - null     int64
 13  数学成绩        143 non - null     int64
 14  专业课成绩      143 non - null     int64
 15  总分            143 non - null     int64
 16  复习时间        143 non - null     int64
dtypes: category(4), datetime64[ns](1), int64(6), object(6)memory usage: 17.0 + KB
```

可以看到，通过上述转换数据类型操作，虽然增加了一列数据，但是 students 对象占用内存反降低了,所以数据类型对提升数据分析速度非常有帮助。

（7）查看 students 的列,输入命令 students.columns,则显示:

```
Index(['id', '性别', '本科院校', '本科专业', '毕业年月', '报考代码', '英语分类', '数学分类',
'专业课分类', '报考院校', '报考专业', '英语成绩', '政治成绩', '数学成绩', '专业课成绩', '总
分', '复习时间'], dtype = 'object')
```

（8）调整 students 列的顺序,便于观察、对比数据,如图 12.10 所示。代码如下。

```
order = ['id', '性别', '本科院校', '本科专业', '毕业年月','复习时间', '报考代码', '英语分
类', '英语成绩', '数学分类', '数学成绩', '政治成绩', '专业课分类', '专业课成绩', '报考院校',
'报考专业', '总分']
students = students[order]
```

	复习时间	英语成绩	数学成绩	政治成绩	专业课成绩	总分
count	143.000000	143.000000	143.000000	143.000000	143.000000	143.000000
mean	229.615385	57.741259	85.909091	61.958042	101.363636	306.972028
std	414.062031	8.435934	14.864604	5.514225	15.744235	20.957349
min	0.000000	40.000000	60.000000	44.000000	59.000000	270.000000
25%	0.000000	52.000000	75.000000	59.000000	91.000000	293.500000
50%	0.000000	56.000000	84.000000	63.000000	101.000000	304.000000
75%	395.000000	62.500000	96.500000	66.000000	113.000000	317.000000
max	2952.000000	82.000000	127.000000	76.000000	135.000000	377.000000

图 12.10 调整学生列顺序

（9）查看转换后数据的基本统计特征,代码如下。

```
students.describe()
```

12.6 一维数据的分布可视化

一维数据的可视化主要显示单变量数据的分布情况以及数据的统计特征。图 12.11 为数据分布绘图函数。Seaborn 提供了三个函数来显示数据的特征。这三个函数分别是:

- distplot()。
- kdeplot()。
- rugplot()。

12.6.1 distplot()

该函数集成了直方图与核函数估计的功能,增加了地毯图(rugplot)分布观测条。地毯图是一个曲线图,数据的一个单一的定量变量,显示为沿着轴线标记。它用于可视化数据的分布,类似于具有零宽

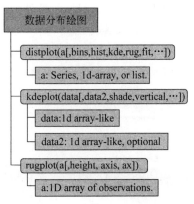

图 12.11 数据分布绘图函数

度的直方图或一维散点图。该图主要查看数据分布情况,如查看一个数据集是否近似正态分布,不符合正态分布偏度较大的数据集一般不适合做机器学习使用。该函数的命令格式如下:

distplot(a, bins = None, hist = True, kde = True, rug = False, fit = None, hist_kws = None, kde_kws = None, rug_kws = None, fit_kws = None, color = None, vertical = False, norm_hist = False, axlabel = None, label = None, ax = None)

一维数据变量分布可视化可以用distplot()函数。该函数在默认情况下,已经将绘制直方图并拟合内核密度估计(KDE)设为默认。即hist=True,kde=True。

参数说明:

- a:数据。一维数组、Series对象,或列表。
- bins:设定直方图的分箱数量。若未指定,将使用默认值。
- hist:布尔值,可选,是否绘制(规范的)直方图。
- kde:布尔值,可选,是否绘制高斯核密度估计。
- rug:布尔值,可选,是否在支撑轴上绘制地毯图。
- fit:具有fit()方法的随机变量对象,评估概率分布。
- hist_kws:字典型,可选。matplotlib. axes. Axes. hist()的关键字参数。
- kde_kws:字典型,可选。kdeplot()的关键字参数。
- rug_kws,可选。Rugplot()的关键字参数。
- color:Matplotlib颜色,可选。
- vertical:布尔值,可选。如果为True,则观察值在y轴上。
- norm_hist:布尔值,可选。如果为True,则直方图高度显示密度而不是计数。如果绘制了KDE或拟合密度,则暗示这一点。
- axlabel:字符串,False或无,可选。支撑轴标签的名称。如果为None,则尝试从a. name获取它;如果为False,则不要设置标签。
- lable:字符串,可选。图中相关部分的图例标签。
- ax:Matplotlib轴,可选。如果提供,则在此轴上绘制。

该函数返回带有绘图的"轴"对象,以进行进一步调整。

提示:虽然Searborn提供的每个绘图函数中参数非常多,但使用时通常用默认参数,使用方式极其简单。

本节继续以12.4节的st. xlsx数据文件为例,进行一维数据的分布可视化操作。

(1) 显示"总分"的分布情况(见图12.12),代码如下。

```
sns.distplot(students['总分']);
```

(2) 显示"数学成绩"的分布情况(见图12.13),代码如下。

```
sns.distplot(students['数学成绩'],hist = False);
```

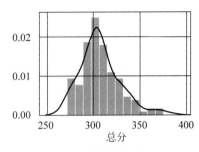

图 12.12　总分直方图(KDE)

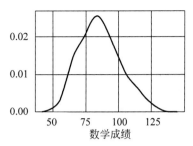

图 12.13　数学成绩直方图

(3) 显示"英语成绩"的分布(见图 12.14),代码如下。

```
sns.distplot(students['英语成绩'],kde = False,bins = 30);
```

(4) 显示专业课成绩的分布与地毯(rug)分布图(见图 12.15),代码如下。该函数提供的分布拟合操作,使用 distplot()将参数分布拟合到数据集,并在视觉上评估其与观测数据的对应程度,如按照伽马分布拟合。

```
sns.distplot(students['专业课成绩'], hist = False, rug = True);
```

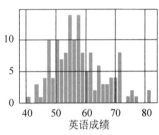

图 12.14　英语成绩直方图

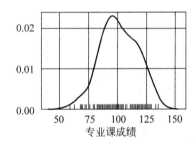

图 12.15　专业课成绩 KDE 图与地毯图

(5) 显示专业课拟合伽马分布图(见图 12.16),代码如下。

```
sns.distplot(students['专业课成绩'], kde = False, fit = stats.gamma);
```

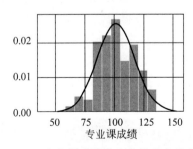

图 12.16　专业课成绩分布伽马分布拟合图

12.6.2 kdeplot()

核密度估计(kernel density estimation)是在概率论中用来估计未知的密度函数,属于非参数检验方法之一。通过核密度估计图可以比较直观地看出数据样本本身的分布特征。函数如下:

```
kdeplot (data, data2 = None, shade = False, vertical = False, kernel = 'gau', bw = 'scott',
gridsize = 100, cut = 3, clip = None, legend = True, cumulative = False, shade_lowest = True,
cbar = False, cbar_ax = None, cbar_kws = None, ax = None, ** kwargs)
```

参数说明:

- data:一维数组、Series 对象,或列表。
- data2:一维数组、Series 对象,或列表。可选。估计一个二元 KDE。
- shade:布尔值,可选。如果为 True,则在 KDE 曲线下的区域中着色(或在数据为双变量时以填充的轮廓绘制阴影)。
- vertical:布尔值,可选。如果为 True,则密度在 x 轴上。
- kernel:{'gau'| 'cos'| 'biw'| 'epa'| 'tri'| "triw"},可选。适合内核形状的代码。双变量 KDE 只能使用高斯核。
- bw:{'scott'| 'silverman'| scalar | pair of scalars },可选。用于确定二元图中每个维度的内核大小。
- gridsize:整数,可选。图中网格中离散点的数量。
- cut:标量,可选。确定评估网格延伸超过极端数据点的程度。设置为 0 时,在数据限制处截断数据。
- clip:一对标量,可选。用于拟合 KDE 的数据点的上下限。可以为双变量图提供一对(低,高)边界。
- legend:布尔值,可选。如果为 True,则添加图例或在可能时标记轴。
- cumulative:布尔值,可选。如果为 True,则绘制 KDE 估计的累积分布。
- shade_lowest:布尔值,可选。若为 True,则遮盖双变量 KDE 图的最低轮廓。
- cbar:布尔值,可选。若为 True 则绘制一个双变量 KDE 图,添加边界色栏。
- cbar_ax:Matplotlib 轴,可选。
- cbar_kws:字典型,可选。fig. colorbar()的关键字参数。
- ax:Matplotlib 轴,可选。要绘制的轴,否则使用当前轴。
- kwargskey:值配对,其他关键字参数将传递给 plt. plot()或 plt. contour {f},具体取决于是绘制的是单变量图还是双变量图。

本节继续以 12.4 节的 st. xlsx 数据文件为例,生成核密度估计图来分析数据。

(1) 显示专业课成绩 KDE 分布图(见图 12.17),代码如下。

```
sns.kdeplot(students['专业课成绩'], shade = True);
```

(2) 选择不同的 bw 设定 KDE 的带宽参数,来控制估算值与数据拟合的紧密程度

（见图12.18），代码如下。

```
sns.kdeplot(students['专业课成绩'])
sns.kdeplot(students['专业课成绩'], bw = .2, label = "bw: 0.2")
sns.kdeplot(students['专业课成绩'], bw = 1, label = "bw: 2")
plt.legend();
```

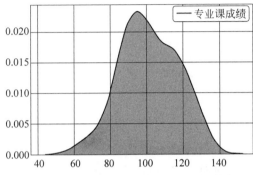

图 12.17 专业课成绩分布 KDE 图（带阴影）

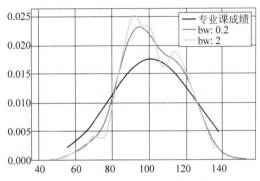

图 12.18 不同 bw 的 KDE 的带宽参数控制估算值与数据拟合的紧密程度图

从图12.18可以看出，高斯KDE估算范围有可能超出了数据集中的最大值和最小值。可以控制使用cut参数绘制曲线超出极限值的距离。但是，这只会影响曲线的绘制方式，而不会影响其拟合方式。

（3）显示专业课成绩分布（带阴影）（见图12.19），代码如下。

```
sns.kdeplot(students['专业课成绩'], shade = True, cut = 5)
```

（4）kdeplot()函数还可以绘制二维核密度图。显示英语成绩与数学成绩 KDE 分布（见图12.20），代码如下。

```
sns.kdeplot(students['英语成绩'], students['数学成绩'] )
```

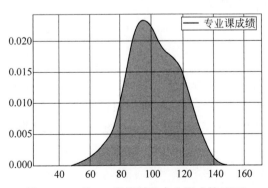

图 12.19 带 cut 值控制的专业课成绩 KDE

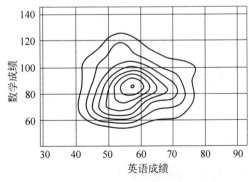

图 12.20 英语成绩与数学成绩核密度图

12.6.3 rugplot()

该函数用于绘制出一维数组中数据点实际的分布位置情况,即不添加任何数学意义上的拟合,单纯地将记录值在坐标轴上表现出来。相对于 kdeplot(),其可以显示原始的数据离散分布情况,其格式如下:

```
rugplot(a, height = 0.05, axis = 'x', ax = None, ** kwargs)
```

参数说明:
- a:向量、一维数组或 Series 对象。
- height:直线段的长度。
- axis:选择将直线段绘在哪个轴上。
- ax:Matplotlib 轴,可选。
- kwargs:键值对。

返回值为 Matplotlib 轴。

继续以 12.4 节的 st.xlsx 数据文件为例,显示专业课成绩分布的 rug 图(见图 12.21),代码如下。

```
sns.rugplot(students['专业课成绩'],height = 0.3);
```

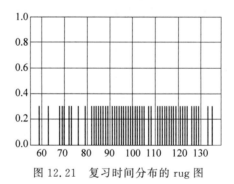

图 12.21　复习时间分布的 rug 图

可以看到数轴上"专业课成绩"的分布情况(离散点)。

12.7　二维数据的分布可视化

数据分析时,常常要组合两个变量的分布情况来分析,有时需要可视化双变量分布情况。通常可以使用 Seaborn 的 jointplot()函数,该函数将创建一个多面板图形,该图形同时显示两个变量之间的双变量(或联合)关系以及每个变量在单独轴上的单变量(或边际)分布。

12.7.1 jointplot()

seaborn.jointplot()函数格式如下:

```
seaborn.jointplot(x, y, data = None, kind = "scatter", stat_func = None, color = None, height = 6,
ratio = 5, space = 0.2, dropna = True, xlim = None, ylim = None, joint_kws = None, marginal_kws =
None, annot_kws = None, ** kwargs)
```

该函数使用变量 x,y 或单变量图绘制变量分布图。

参数说明：

- x,y：字符串或向量数据或数据中的变量名称。
- data：可选。x 和 y 为变量名称时的 DataFrame。
- kind：{"scatter"|"reg"|"resid"|"kde"|"hex"},可选,要绘制的类型。
- stat_func：可选,不推荐使用。
- color：Matplotlib 颜色,可选。用于图元素的颜色。
- height：数值型,可选。图的大小(将为正方形)。
- ratio：数值型,可选。图的比例。
- space：数值型,可选。联合轴和边缘轴之间的空间。
- dropna：布尔型,可选。如果为 True,则删除 x 和 y 中缺少的观测值。
- {x,y} lim：可选。绘制前要设置的轴限制范围。
- {joint,marginal,annot} _kwsdicts：可选。绘图组件的其他关键字参数。
- kwargs：值配对,附加的关键字参数将传递到用于在关节轴上绘制图的函数,从而取代 joint_kws 词典中的项目。

返回值为 gridJointGrid JointGrid 对象及其上的绘图。

以 12.4 节的 st.xlsx 数据文件为例,绘制变量分布图。

(1) 显示数学成绩与总分联合分布散点图(见图 12.22),直方图的双变量类似物称为六边形图,因为它显示了落在六边形箱中的观测值。此图最适合相对较大的数据集。代码如下。

```
sns.jointplot(x = "数学成绩", y = "总分", data = students);
```

(2) 显示数学成绩与总分联合分布蜂巢图(见图 12.23),代码如下。

```
sns.jointplot(x = "数学成绩", y = "总分",data = students, kind = "hex", color = "b");
```

(3) 如果要显示线性回归模型,可以选择 kind="reg"。显示数学成绩与总分联合分布(含线性回归)图(见图 12.24),代码如下。

```
sns.jointplot(x = "数学成绩", y = "总分", data = students,kind = "reg");
```

(4) 如果用核密度估计程序来可视化双变量分布,可以使用 kind="kde"。显示英语成绩与数学成绩核密度分布图(见图 12.25),代码如下。

```
sns.jointplot(x = "英语成绩", y = "数学成绩", data = students, kind = "kde");
```

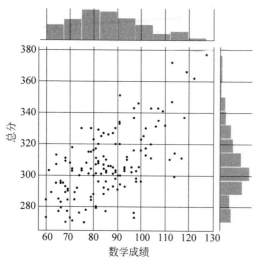

图 12.22 数学成绩与总分联合分布散点图

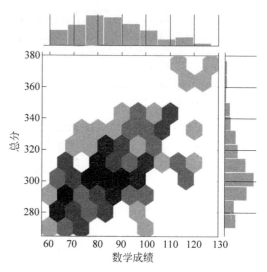

图 12.23 数学成绩与总分联合分布蜂巢图

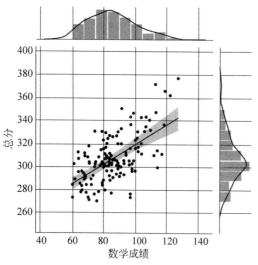

图 12.24 数学成绩与总分联合分布(含线性回归)

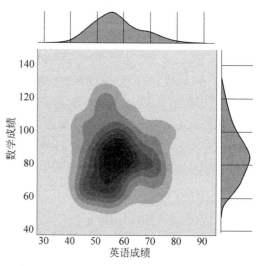

图 12.25 英语成绩与数学成绩核密度分布图

12.7.2 pairplot()

如果要将数据集中的所有列数据两两配对,来进行组合分析双变量分布关系,可以使用 pairplot()函数可视化。该函数创建轴矩阵,并显示 DataFrame 中每对列的关系。默认情况下,它还会在对角轴上绘制每个变量的单变量分布(注意,本函数的计算量非常大,比较耗时)。

以 12.4 节的 st.xlsx 数据文件为例。

(1) 显示数据集的 pairplot()分布图(见图 12.26),代码如下。

```
sns.pairplot(students)
```

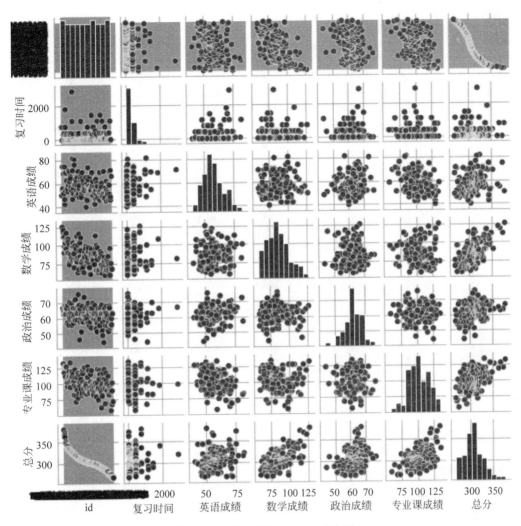

图 12.26 数据集的 pairplot 分布图

(2) 如果在数据组合分析中,要分析不同性别的 pairplot 数据,可以通过显示数据集的 pairplot 分布图(按性别分类)来实现(见图 12.27),代码如下。

```
sns.pairplot(students, hue = "性别");
```

(3) 如果仅想将某几列进行组合配对进行分析,可以使用列表,将要组合分析的数据列出。显示数学成绩、英语成绩、政治成绩与总分 pairplot 分布图(见图 12.28),分析数学成绩、英语成绩、政治成绩与总分之间的分布关系,代码如下。

```
sns.pairplot(students, x_vars = ["数学成绩", "英语成绩",'政治成绩'], y_vars = ["总分"],
height = 5, aspect = .8);
```

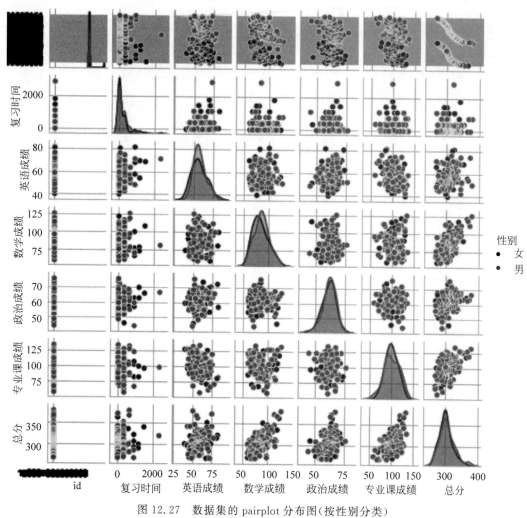

图 12.27　数据集的 pairplot 分布图(按性别分类)

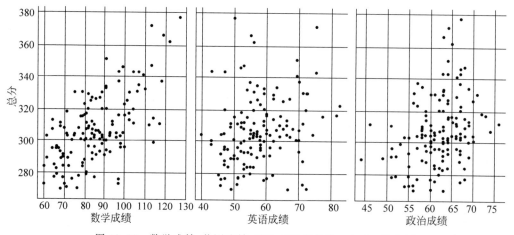

图 12.28　数学成绩、英语成绩、政治成绩与总分 pairplot 分布图

12.8　数据关系可视化

统计分析经常要了解数据集中的变量如何相互关联，以及这些关系如何依赖于其他变量的过程。如果能清晰地显示可视化相关数据，可以从数据分布情况推断出数据发展趋势和模式。数据关系可视化可以使用 relplot() 函数。可使用两种常用方法可视化统计关系：散点图和折线图。图 12.29 为数据关系绘图。

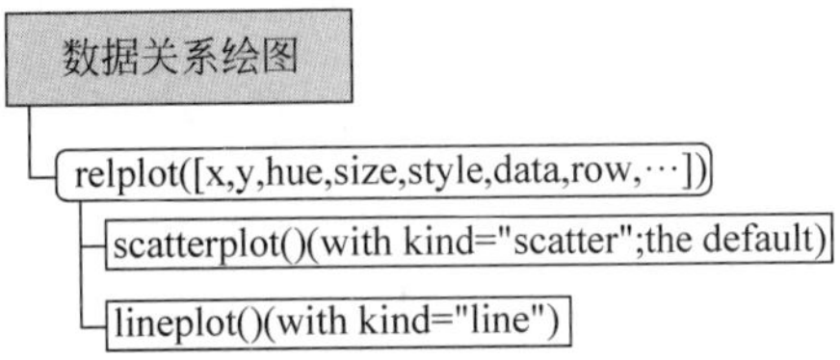

- relplot(…kind＝"scatter|line"…)：设定不同类型，完全可以替代 scatterplot()和 lineplot()函数。

- scatterplot()：对应于 replplot()中的 kind＝"scatter"，默认值。

- lineplot()：对应于 replplot()中的 kind＝"line"。

图 12.29　数据关系绘图

12.8.1　散点图 scatterplot()

散点图使用点的分布情况来描绘两个变量的联合分布，其中每个点代表数据集中的观测值，可以推断出有关它们之间是否存在有关联的信息。当两个变量都是数字时，可以用 scatterplot()函数绘制散点图。当然也可以使用 relplot()函数（只需设置函数的参数 kind＝"scatter"）：

seaborn.relplot(x = None, y = None, hue = None, size = None, style = None, data = None, row = None, col = None, col_wrap = None, row_order = None, col_order = None, palette = None, hue_order = None, hue_norm = None, sizes = None, size_order = None, size_norm = None, markers = None, dashes = None, style_order = None, legend = 'brief', kind = 'scatter', height = 5, aspect = 1, facet_kws = None, ** kwargs)

参数说明：
- x,y：数据中变量的名称。输入数据变量，必须为数字。
- hue：可选。分组变量将产生具有不同颜色的元素。可以是分类的也可以是数字的，尽管颜色映射在后一种情况下的行为会有所不同。
- Size：可选。分组变量将产生具有不同大小的元素。可以是分类的也可以是数字的，尽管大小映射在后一种情况下会有所不同。
- Style：数据中的样式名称，可选。分组变量将产生具有不同样式的元素。可以具有数字 dtype，但始终将其视为类别。
- data：DataFrame 整齐（长格式）数据。
- row,col：数据中行列变量的名称，可选。分类变量，将确定网格的构面。
- col_wrap：整型，可选。以该宽度"包装"列变量，以使列构面跨越多行。
- row_order：用于组织网格的行。

其他不常用的参数在此就不介绍了，通常取默认值即可。

另外,relplot()可以完全替代 scatterplot()和 lineplot()函数。sns. replot(kind="scatter")相当于用 scatterplot()来绘制散点图。sns. replot(kind="line")相当于用 lineplot()来绘制曲线图。

本节继续以 12.4 节的 st. xlsx 数据文件为例,进行数据关系可视化操作。显示数学成绩与总分、复习时间(分性别)对比图(见图 12.30),代码如下。

```
sns.relplot(x="数学成绩", y="总分", hue="数学分类",sizes=(35, 100),size='复习时间',
col='性别',data=students);
```

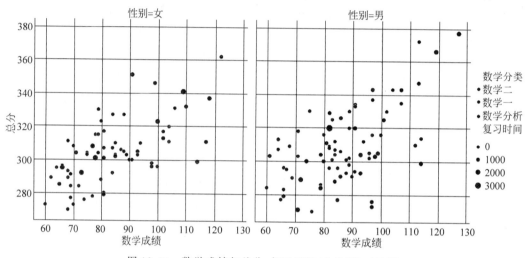

图 12.30 数学成绩与总分、复习时间(分性别)对比图

可以看出 Seaborn 绘制的两幅散点图,实际上显示了 5 个维度的数据信息,即 x="数学成绩", y="总分", hue="数学分类", size='复习时间',col='性别'。当然还可以增加其他维度的信息。

12.8.2 折线图 replot()

散点图非常有效,但是没有清晰的数据观察视线。对于某些数据集,如果要分析一个变量随时间的变化或类似的连续变量,通常绘制一条折线图来确定数据观察视线。在 Seaborn 中,这可以通过 replot()或通过设置 kind="line"功能来实现。

以 12.4 节的 st. xlsx 数据文件为例。显示数学成绩与总分(分性别)折现对比图(见图 12.31),代码如下。

```
sns.relplot(x="数学成绩", y="总分", hue="数学分类",col='性别',data=students, kind
="line");#默认对数据排序
```

显示数学成绩与总分、复习时间(分性别)对比图(未排序)(见图 12.32),代码如下。

```
sns.relplot(x="数学成绩", y="总分", hue="数学分类",col='性别',data=students,sort=
False, kind="line");
```

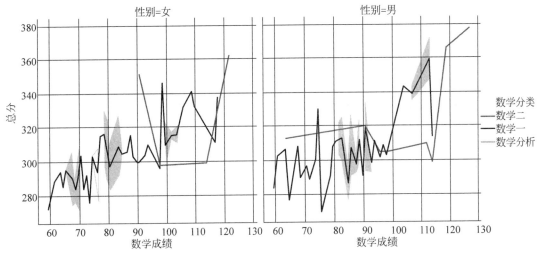

图 12.31　数学成绩与总分(分性别)折线对比图

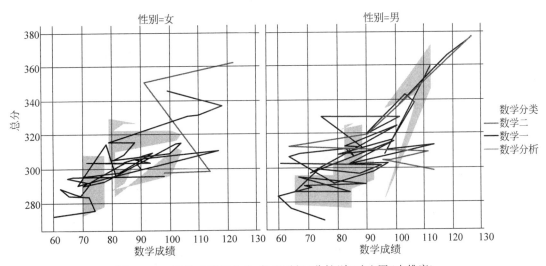

图 12.32　数学成绩与总分、复习时间(分性别)对比图(未排序)

对于 x 变量的相同值,更复杂的数据集将具有多个度量。Seaborn 的默认行为是 x 通过绘制均值和均值周围的 95% 置信区间来汇总每个值的多次测量。以 12.4 节的 st.xlsx 数据文件为例,显示数学成绩与总分折线图(含置信区间)(见图 12.33),代码如下。

```
sns.relplot(x = "数学成绩", y = "总分", kind = "line", data = students);
```

对于较大的数据集,为了提高数据显示速度,可以关闭置信区间(ci=False)选项,例如,显示英语成绩与总分折线图(不含置信区间)(见图 12.34),代码如下。

```
sns.relplot(x = "英语成绩", y = "总分", kind = "line", ci = False,data = students);
```

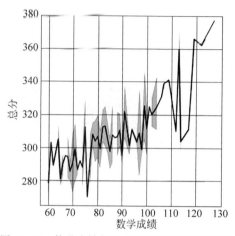

图 12.33　数学成绩与总分折线图(含置信区间)

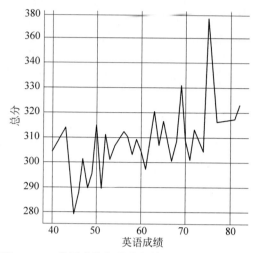

图 12.34　英语成绩与总分折线图(不含置信区间)

　　另外,对于较大的数据,尤其是通过绘制标准偏差而不是置信区间来表示每个时间点的分布范围。例如,显示英语成绩与总分折线图(置信区间为标准差)(见图 12.35),代码如下。

```
sns.relplot(x = "英语成绩", y = "总分", kind = "line", ci = 'sd',data = students);
```

　　要完全关闭聚合,可将 estimator 参数设置为 None。当数据在每个点上都有多个观测值时,这可能会产生奇怪的结果。例如,显示英语成绩与总分折线图(不含 estimator)(见图 12.36),代码如下。

```
sns.relplot(x = "英语成绩", y = "总分", kind = "line", estimator = None,data = students)
```

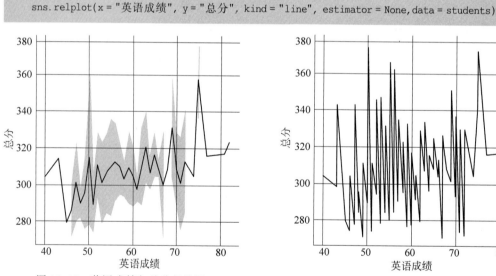

图 12.35　英语成绩与总分折线图
(置信区间为标准差)

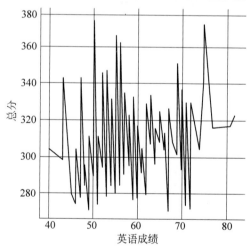

图 12.36　英语成绩与总分折线图
(不含 estimator)

　　使用语义映射绘制数据子集,replot()函数具有与 scatterplot()相同的灵活性:通过修改绘图元素的颜色、大小和样式,它可以显示更多维度的数据。

(1) 添加"性别"信息，会对数据两条线分别进行着色以指示它们所对应的数据子集（见图 12.37），代码如下。

```
sns.relplot(x = "数学成绩", y = "总分", kind = "line", hue = '性别', data = students);
```

(2) 显示数学成绩与总分折线图（按性别、英语分类对比）（见图 12.38），代码如下。

```
sns.relplot(x = "数学成绩", y = "总分", kind = "line", hue = '性别', style = '英语分类',
markers = True, data = students);
```

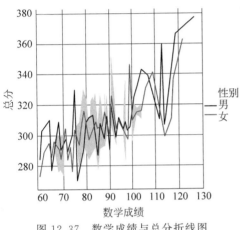

图 12.37 数学成绩与总分折线图
（按性别分类对比）

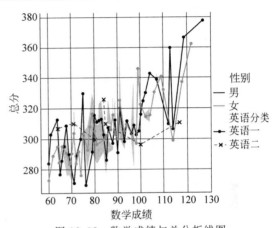

图 12.38 数学成绩与总分折线图
（按性别、英语分类对比）

(3) 显示毕业年份对于数学成绩关系折线图（见图 12.39），分析毕业时间对数学复习考研的成绩影响，代码如下。

```
sns.relplot(x = "毕业年份", y = "数学成绩", kind = "line", data = students)
```

(4) 显示毕业年份对于英语成绩关系折线图（见图 12.40），分析毕业时间对英语复习

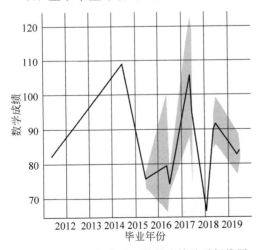

图 12.39 毕业年份对于数学成绩关系折线图

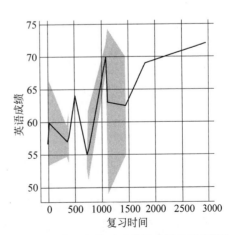

图 12.40 毕业年份对于英语成绩关系折线图

考研的成绩影响,代码如下。

```
sns.relplot(x = "复习时间", y = "英语成绩", kind = "line", data = students)
```

12.9　用分类对比数据可视化

数据分析过程中,通常要对不同类别的属性的同类数据做横向对比。如,针对上述students数据,分析男、女不同考生的总分对比情况。在Seaborn中,可以使用catplot()函数进行数据横向对比可视化。

分类图类型可以分为三个不同的族:

(1) 分类散点图。

stripplot()(带有 kind="strip",默认值)。

swarmplot()(带有 kind="swarm")。

(2) 分类分布图。

boxplot()(带有 kind="box")。

violinplot()(带有 kind="violin")。

boxenplot()(带有 kind="boxen")。

(3) 分类估计图。

pointplot()(带有 kind="point")。

barplot()(带有 kind="bar")。

countplot()(带有 kind="count")。

图 12.41 为分类对比绘图。

catplot()函数用于将分类图绘制到 FacetGrid 上。此功能提供对多个轴级功能的访问,这些功能使用几种视觉表示之一显示数值与一个或多个分类变量之间的关系。

```
分类对比绘图
catplot([x,y,hue,data,row,col,⋯])
  分类散点图
    stripplot()(带有kind="strip",默认值)
    swarmplot()(带有kind="swarm")
  分类分布图
    boxplot()(带有kind="box")
    violinplot()(带有kind="violin")
    boxenplot()(带有kind="boxen")
  分类估计图
    pointplot()(带有kind="point")
    barplot()(带有kind="bar")
    countplot()(带有kind="count")
```

图 12.41　分类对比绘图

函数格式如下:

```
seaborn.catplot(x = None, y = None, hue = None, data = None, row = None, col = None, col_wrap =
None, estimator = < function mean at 0x10a2a03b0 >, ci = 95, n_boot = 1000, units = None, seed =
None, order = None, hue_order = None, row_order = None, col_order = None, kind = "strip",
height = 5, aspect = 1, orient = None, color = None, palette = None, legend = True, legend_out =
True, sharex = True, sharey = True, margin_titles = False, facet_kws = None, ** kwargs)
```

参数说明:

- x,y,hue:用于数据的输入。
- data:DataFrame数据集。每列应对应一个变量,每行应对应一个观察值。
- col_wrap:整型,可选。以该宽度"包装"列变量,以使列构面跨越多行。
- estimator:callable 映射向量->标量,可选统计函数。
- ci:float、"sd"或无。可选置信区间的大小,可用于估计值附近。
- n_boot:整型,可选。计算置信区间时要使用的引导程序迭代次数。

- units：可选。采样单位的标识符，将用于执行多级引导程序并考虑重复测量的设计。
- seed：整型，numpy. random. Generator 或 numpy. random. RandomState，可选。种子或随机数生成器，用于可重复引导。
- order：字符串的 hue_orderlists，可选。为了绘制分类级别，否则从数据对象推断级别。
- row_order,col_order 字符串列表，可选。命令用于组织网格的行和/或列，否则从数据对象中推断出命令。
- kind：字符串型，可选。绘制的绘图类型（对应于分类绘图功能的名称。选项包括"点","条","条","群","盒","小提琴"或"盒装"。
- height：标量，可选每个构面的高度（以英寸为单位）。
- aspect：标量，可选每个小平面的长宽比，因此长宽比 * 高度将以英寸为单位给出每个小平面的宽度。
- orient："v" ｜ "h"，可选。绘图的方向（垂直或水平）。这通常是根据输入变量的 dtype 推断出来的，但可用于指定分类变量是数字时还是绘制宽格式数据时。
- color：Matplotlib 颜色，可选。所有元素的颜色，或渐变调色板的种子。
- palette：列表或字典，可选。用于不同级别的色相变量的颜色。可以由 color_palette()解释的东西，或者是将色调级别映射到 Matplotlib 颜色的字典。
- legend：布尔型，可选。如果为 True，并且有一个色相变量，则在图上绘制图例。
- legend_out：布尔型，可选。如果为 True，则将扩展图形尺寸，并且图例将绘制在中间右侧的绘图区域之外。
- share{x,y}：布尔型，"col"或"row"，可选。如果为 True，则构面将在列之间共享 y 轴和/或在行之间共享 x 轴。
- margin_titles：布尔型，可选。如果为 True，则将行变量的标题绘制在最后一列的右侧。此选项是实验性的，可能无法在所有情况下都起作用。
- facet_kws：字典，可选。其他关键字参数的字典，以传递给 FacetGrid。
- kwargs，值配对。其他关键字参数将传递给基础绘图功能。

12.9.1　分类散点图

分类散点图可以使用 stripplot()或 swarmplot()，也可以用 catplot()通过设定 kind="strip"或"swarm"来绘制。以 12.4 节的 st. xlsx 数据文件为例。

（1）显示性别与总分对比图（jitter＝True）（见图 12.42），代码如下。

```
sns.catplot(x = "性别", y = "总分", data = students);
```

（2）显示英语分类与总分对比图（jitter＝False）（见图 12.43），代码如下。

```
sns.catplot(x = "英语分类", y = "总分",jitter = False, data = students);
```

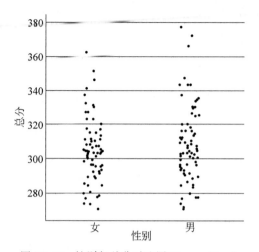

图 12.42 性别与总分对比图(jitter＝True)

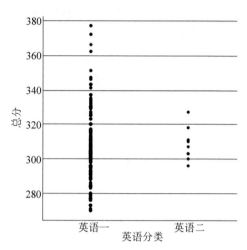

图 12.43 英语分类与总分对比图(jitter＝False)

(3) 显示数学分类与总分对比图(jitter＝True)(见图 12.44),代码如下。

```
sns.catplot(y = "数学分类", x = "总分",kind = "swarm", data = students);
```

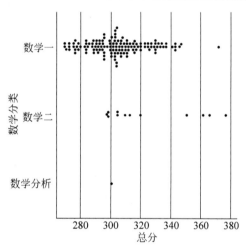

图 12.44 数学分类与总分对比图(jitter＝True)

12.9.2 分类分布图

1. catplot()

分类分布图有 boxplot()、violinplot()、boxenplot()三大类。这三类图可以用 catplot()通过设定 kind＝"box"、"violin"或"boxen"来绘制。以 12.4 节的 st.xlsx 数据文件为例。

(1) 显示性别与英语成绩对比箱式图(见图 12.45),代码如下。

```
sns.catplot(x = "性别", y = "英语成绩", kind = "box", data = students);
```

（2）显示性别、英语分类与英语成绩对比箱式图（见图12.46），代码如下。

```
sns.catplot(x = "性别", y = "英语成绩", kind = "box", hue = '英语分类',data = students,order =
['男','女']);
```

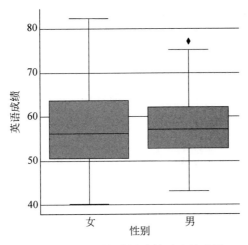

图 12.45　性别与英语成绩对比箱式图

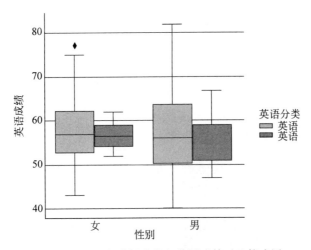

图 12.46　性别、英语分类与英语成绩对比箱式图

（3）显示性别、英语分类与英语成绩对比增强箱式图（见图12.47），代码如下。

```
sns.catplot(x = "性别", y = "英语成绩", kind = "boxen", hue = '英语分类',data = students,
order = ['男','女']);
```

2. violinplot()

与 catplot() 不同的一种方法是 violinplot()，它结合了箱式图和分布教程中描述的内核密度估计过程。以 12.4 节的 st.xlsx 数据文件为例，显示数学分类、性别与总分对比小提琴图(见图 12.48),代码如下。

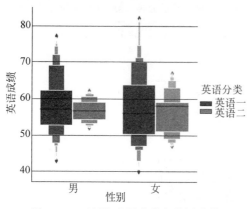

图 12.47　性别、英语分类与英语成绩
对比增强箱式图

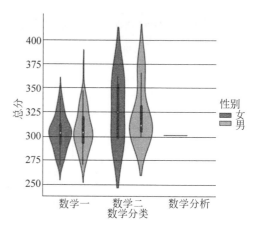

图 12.48　数学分类、性别与总分对比
小提琴图

```
sns.catplot(x = "数学分类", y = "总分", hue = "性别",kind = "violin", data = students);
```

这种方法使用内核密度估计来提供更丰富的值分布描述。此外,小提琴内还显示了箱式图的四分位和镜像值。其缺点是,由于小提琴图使用 KDE,因此可能需要调整一些其他参数,从而相对于简单的箱式图增加了一些复杂性。简单的数学分类、性别与总分对比条状图如图 12.49 所示,代码如下。

```
sns.catplot(x = "性别", y = "总分", hue = "数学分类", kind = "bar", data = students);
```

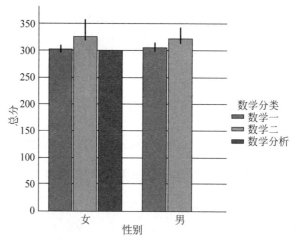

图 12.49　数学分类、性别与总分对比条状图

12.9.3　类别内的观测分布

类别内的观测分布图绘制主要有 pointplot()、barplot()、countplot() 三大类。这三

类图也可以用 catplot()通过设定 kind＝"point"、"bar"、"count"来绘制。以 12.4 节的 st.xlsx 数据文件为例。

(1) 显示报考专业与总分按性别对比图(见图 12.50),代码如下。

```
sns.catplot(x = "报考专业", y = "总分", hue = "性别", kind = "point", data = students); plt.
tick_params(axis = 'x', labelsize = 8, rotation = 90)
```

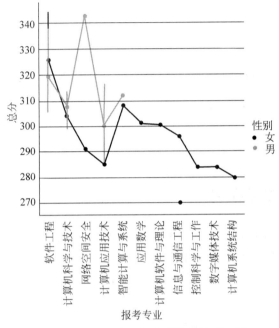

图 12.50　报考专业与总分按性别对比图

(2) 显示报考数学分类、性别、数量(count)统计图(见图 12.51),代码如下。

```
sns.catplot(x = "数学分类", hue = "性别", kind = "count", data = students)
```

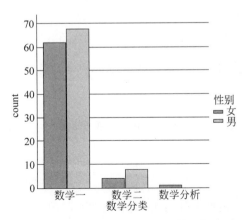

图 12.51　报考数学分类、性别、数量统计图

（3）显示数学分类与总分点状图（见图12.52），代码如下。

```
sns.pointplot(x = "数学分类", y = "总分", data = students)
```

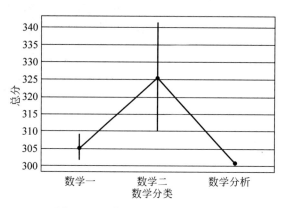

图 12.52　数学分类与总分点状图

12.10　回归模型可视化

许多数据集包含多个定量变量，分析的目的通常是将这些变量彼此关联。在此讨论的功能将通过线性回归的通用框架来实现。Seaborn 本身并不是统计分析的工具包，要获得与回归模型的拟合相关的定量度量，Seaborn 后台需要使用 statsmodels 模块。图 12.53 为回归模型绘图。

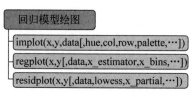

图 12.53　回归模型绘图

12.10.1　regplot()

以 12.4 节的 st.xlsx 数据文件为例。显示数学成绩与总分回归统计图（见图 12.54），代码如下。

```
sns.regplot(x = "数学成绩", y = "总分", data = students);
```

12.10.2　lmplot()

以 12.4 节的 st.xlsx 数据文件为例，生成线性回归统计图。

（1）显示数学成绩与总分线性回归统计图（见图 12.55），代码如下。

```
sns.lmplot(x = "数学成绩", y = "总分", data = students);
```

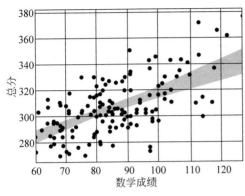

图 12.54 数学成绩与总分回归统计图

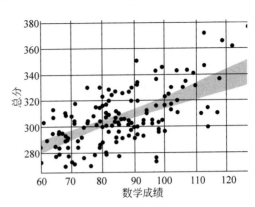

图 12.55 数学成绩与总分线性回归统计图

（2）显示数学成绩、英语成绩、政治成绩与总分 pairplot 线性回归统计图（见图 12.56），代码如下。

```
sns.pairplot(students, x_vars = ["数学成绩", "英语成绩", '政治成绩'], y_vars = ["总分"],
height = 5, aspect = .8, kind = "reg");
```

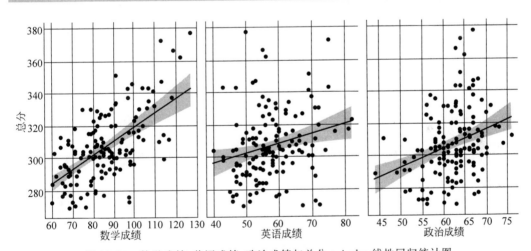

图 12.56 数学成绩、英语成绩、政治成绩与总分 pairplot 线性回归统计图

（3）显示数学成绩与总分线性回归统计图（按均值回归）（见图 12.57），代码如下。

```
sns.lmplot(x = "数学成绩", y = "总分", data = students,x_estimator = np.mean);
```

（4）显示数学成绩与总分回归统计图（见图 12.58），代码如下。

```
sns.regplot(x = "数学成绩", y = "总分", data = students)
```

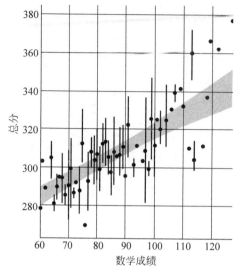

图 12.57　数学成绩与总分线性回归统计图
（按均值回归）

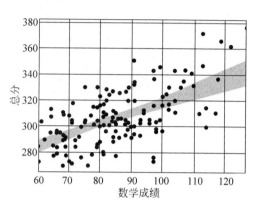

图 12.58　数学成绩与总分回归统计图

（5）显示数学成绩与总分线性回归统计图（见图 12.59），代码如下。

```
sns.lmplot(x = "数学成绩", y = "总分",robust = True, data = students);
```

（6）lmplot()、regplot()能适应多项式线性回归模型。显示数学成绩与总分三阶线性回归统计图（见图 12.60），代码如下。

```
sns.regplot(x = "数学成绩", y = "总分", data = students,ci = None,order = 4);
```

（7）显示数学成绩与总分三阶线性回归统计图（见图 12.61），代码如下。

```
sns.lmplot(x = "数学成绩", y = "总分", data = students,order = 3);
```

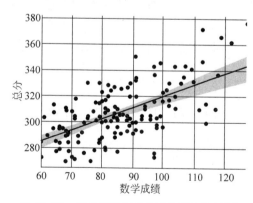

图 12.59　数学成绩与总分线性回归统计图

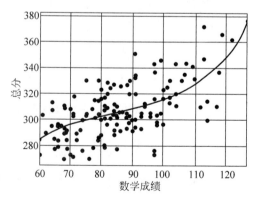

图 12.60　数学成绩与总分三阶线性回归
统计图(不设定置信区间)

注：上述命令若绘图出现错误，可能是 NumPy 版本兼容的原因，可以使用 pip install numpy＝1.19.3 命令解决。

另外，回归模型残差统计图可以使用 residplot() 绘制。例如，显示数学成绩与总分回归残差统计图（见图 12.62），代码如下。

```
sns.residplot(x = "数学成绩", y = "总分", data = students);
```

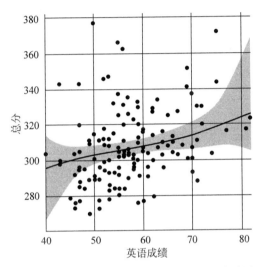 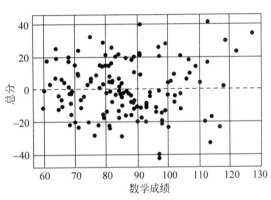

图 12.61　数学成绩与总分三阶线性回归统计图　　图 12.62　数学成绩与总分回归残差统计图

12.10.3　regplot() 与 lmplot() 的区别

图 12.58 与图 12.59 显示了一对变量之间关系回归方法。regplot() 仅可以显示单个关系，而 lmplot() 可以提供一个简单的界面，在"多面"图上显示线性回归，从而可以探索与多达三个其他类别变量的交互。使用分离关系的最佳方法是在同一轴上绘制两个级别并使用颜色区分它们，以 12.4 节的 st.xlsx 数据文件为例。

（1）显示数学成绩与总分残差统计图（按性别分类）（见图 12.63），代码如下。

```
sns.lmplot(x = "数学成绩", y = "总分", hue = "性别", data = students);
```

（2）显示数学成绩与总分回归统计图（按不同标记和性别分类）（见图 12.64），代码如下。

```
sns.lmplot(x = "数学成绩", y = "总分", hue = "性别", markers = ["o", "x"], palette = "Set1",
data = students);
```

（3）显示数学成绩与总分回归统计图（按不同标记、性别、英语分类）（见图 12.65），代码如下。

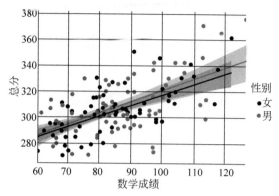

图 12.63 数学成绩与总分残差统计图(按性别分类)

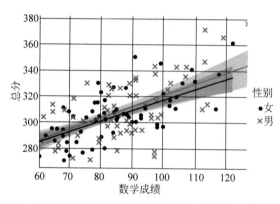

图 12.64 数学成绩与总分回归统计图(按不同标记和性别分类)

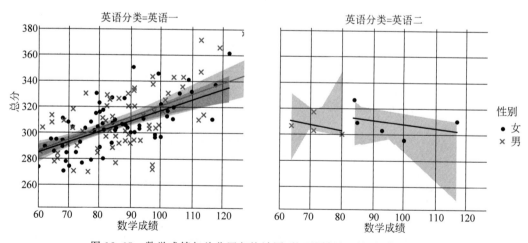

图 12.65 数学成绩与总分回归统计图(按不同标记、性别、英语分类)

```
sns.lmplot(x = "数学成绩", y = "总分", hue = "性别", markers = ["o", "x"],col = "英语分类",
palette = "Set1",data = students);
```

（4）显示数学成绩与总分回归统计图（按标记、性别、英语分类，用调色板 2）（见图 12.66），代码如下。

```
sns.lmplot(x = "数学成绩", y = "总分", hue = "性别", markers = ["o", "x"],col = "英语分类",
palette = "Set2",height = 4,data = students);
```

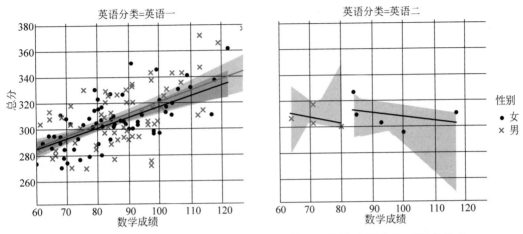

图 12.66 数学成绩与总分回归统计图（按不同标记、性别、英语分类，用调色板 2）

（5）显示数学成绩与总分回归统计图（见图 12.67），代码如下。

```
sns.jointplot(x = "数学成绩", y = "总分", data = students, kind = "reg")
```

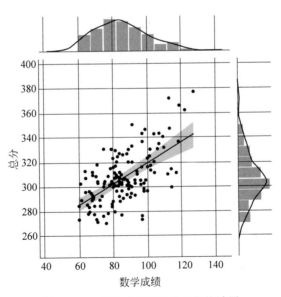

图 12.67 数学成绩与总分回归统计图

12.11　本章小结

本章的重点是 Seaborn 四类数据可视化的方法,如图 12.68 所示。

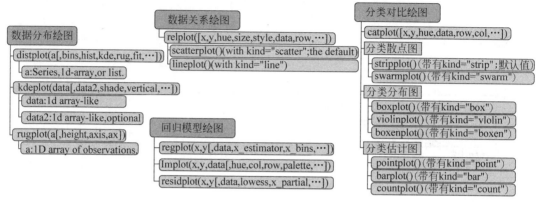

图 12.68　Seaborn 四类数据可视化方法汇总

1. 数据分布绘图

- distplot(a[, bins, hist, kde, rug, fit, ⋯])。
- kdeplot(data[, data2, shade, vertical, ⋯])。
- rugplot(a[, height, axis, ax])。

2. 数据关系绘图

- relplot([x, y, hue, size, style, data, row, ⋯])。
- scatterplot() (with kind="scatter"; the default)。
- lineplot() (with kind="line")。

3. 分类对比绘图

- catplot([x, y, hue, data, row, col, ⋯])。
- 分类散点图。
  - stripplot()(带有 kind="strip",默认值)。
  - swarmplot()(带有 kind="swarm")。
- 分类分布图。
  - boxplot()(带有 kind="box")。
  - violinplot()(带有 kind="violin")。
  - boxenplot()(带有 kind="boxen")。
- 分类估计图。
  - pointplot()(带有 kind="point")。

◆ barplot()（带有 kind＝"bar"）。

◆ countplot()（带有 kind＝"count"）。

4. 回归模型绘图

- regplot(x，y[，data，x_estimator，x_bins，…])。
- lmplot(x，y，data[，hue，col，row，palette，…])。
- residplot(x，y[，data，lowess，x_partial，…])。

通过本章的学习,已经掌握了数据可视化的目的、数据可视化的分类、Seaborn 四类可视化数据的方法。

12.12　习题

根据 2020 年新冠病毒实时数据,任选 3 个国家的新冠病毒确诊率分析变化趋势。可参阅 https://github.com/CSSEGISandData/COVID-9/tree/master/csse_covid_19_data/csse_covid_19_time_series。

扫码观看

参考资料及课外阅读

扫码查看

图 书 资 源 支 持

感谢您一直以来对清华版图书的支持和爱护。为了配合本书的使用,本书提供配套的资源,有需求的读者请扫描下方的"书圈"微信公众号二维码,在图书专区下载,也可以拨打电话或发送电子邮件咨询。

如果您在使用本书的过程中遇到了什么问题,或者有相关图书出版计划,也请您发邮件告诉我们,以便我们更好地为您服务。

我们的联系方式:

地　　址:北京市海淀区双清路学研大厦 A 座 714

邮　　编:100084

电　　话:010-83470236　　010-83470237

客服邮箱:2301891038@qq.com

QQ:2301891038(请写明您的单位和姓名)

资源下载:关注公众号"书圈"下载配套资源。

资源下载、样书申请

书 圈

获取最新书目

观看课程直播